国家中等职业教育改革发展示范学校特色教材

（电子技术应用专业）

电子线路 CAD

董一冰　刘吉祥　主　编

毛　松　余　滔　副主编

中国财富出版社

图书在版编目（CIP）数据

电子线路 CAD / 董一冰，刘吉祥主编 . —北京：中国财富出版社，2014.8
（国家中等职业教育改革发展示范学校特色教材 . 电子技术应用专业）
ISBN 978 - 7 - 5047 - 5278 - 9

Ⅰ. ①电…　Ⅱ. ①董…②刘…　Ⅲ. ①电子电路—计算机辅助设计—中等专业学校—教材
Ⅳ. ①TN702

中国版本图书馆 CIP 数据核字（2014）第 138354 号

策划编辑	崔　旺	**责任印制**	方朋远
责任编辑	敬　东　崔　旺	**责任校对**	杨小静

出版发行	中国财富出版社（原中国物资出版社）		
社　　址	北京市丰台区南四环西路 188 号 5 区 20 楼	**邮政编码**	100070
电　　话	010 - 52227568（发行部）	010 - 52227588 转 307（总编室）	
	010 - 68589540（读者服务部）	010 - 52227588 转 305（质检部）	
网　　址	http://www.cfpress.com.cn		
经　　销	新华书店		
印　　刷	北京京都六环印刷厂		
书　　号	ISBN 978 - 7 - 5047 - 5278 - 9/TN · 0002		
开　　本	787mm×1092mm　1/16	**版　　次**	2014 年 8 月第 1 版
印　　张	12	**印　　次**	2014 年 8 月第 1 次印刷
字　　数	277 千字	**定　　价**	25.00 元

前　言

    Protel DXP 是 Altium 公司 2002 年 7 月推出的 Protel 系列软件，是一套建立在 PC 环境下 Windows 操作平台的 EDA 电路集成设计系统，它全面继承了以往 Protel 软件的功能，将原理图绘制、电路仿真、PCB 设计、设计规则检查、FPGA 及逻辑器件设计等完美地融合在一起，并且优化了设计浏览器平台，具备了许多先进的设计特点，为用户提供了全面的设计解决方案，是电子线路设计人员首选的计算机辅助设计软件。本教材正是基于 Protel DXP 2004 SP2 版本进行编撰。

    本教材共有九个章节，依次介绍了 Protel DXP 2004 基础、设计原理图、原理图项目设计、制作元件库、设计层次原理图、生成原理图报表、绘制印制电路板、制作元件封装。本教材由董一冰、刘吉祥任主编，毛松、余滔任副主编。其中，第五章至第七章由董一冰编写；第一章至第三章由刘吉祥编写；第四章和第八章由余滔编写；第九章、附录和模拟试题由毛松编写。各章内容均以实例为中心展开叙述，结合在实际设计中积累的大量实践经验，总结了诸多实际应用中的注意事项，并在最后配以综合实训和模拟试题进行巩固。由于本教材主要面向中等职业院校的学生，所以在编撰时，我们十分注意将理论讲解与实例演示相结合，从而使其典型实用。本教材每章都讲述了实际设计工作中常用的知识和技巧，简明清晰、重点突出，在叙述上力求深入浅出、易看易懂易操作。

    《电子线路 CAD》可作为中等学校相关专业的教学用书，也适合从事电路设计工作的初级技术人员阅读，是一本即学即用型参考书。

    由于编者水平有限，书中难免存在谬误，恳请读者批评指正。

编　者

2014 年 5 月

目　录

第一章　认识 Protel DXP

Protel 是 20 世纪 80 年代末出现的 EDA 软件，在电子行业的 CAD 软件中，它当之无愧地排在众多 EDA 软件的前面，是电子设计工程师的首选软件。它很早就在国内开始使用，在国内的普及率也最高，有些高校的电子专业还专门开设了课程来学习它，几乎所有的电子公司都要用到它，许多大公司在招聘电子设计人才时在其条件栏上常会注明要求学生会使用 Protel 软件。

Protel DXP 在前一版本 Protel 99 SE 的基础上增加了许多新的功能。新的可定制设计环境功能包括双显示器支持，可固定、浮动以及弹出面板，强大的过滤和对象定位功能及增强的用户界面等。新的项目管理和设计合成功能包括项目级双向同步、强大的项目级设计验证和调试、强大的错误检查功能、文件对比功能等。新的设计输入功能包括电路图和 FPGA 应用程序的设计输入，为 Xilinx 和 Altera 设备族提供完全的巨集和基元库，直接从电路图产生 EDIF 文件、电路图信号、PCB（印制电路板）轨迹、Spice 模型和信号集成模型等元器件集成库。新的工程分析与验证功能包括同时可显示 4 个所测得图像的集成波形观察仪，在板卡最终设计和布线完成之前可从源电路图上运行初步阻抗和反应模拟等。新的输出设置和发生功能包括输出文件的项目级定义、制造文件（Fabrication files），包括 Gerber、Nc Drill、ODB + + 和输入输出到 ODB + + 或 Gerber 等。

Protel DXP 是将所有设计工具集成于一身的板级设计系统，电子设计者从最初的项目模块规划到最终形成生产数据都可以按照自己的设计方式实现。Protel DXP 运行在优化的设计浏览器平台上，并且具备当今所有先进的设计特点，能够处理各种复杂的 PCB 设计过程。通过设计输入仿真、PCB 绘制编辑、拓扑自动布线、信号完整性分析和设计输出等技术的融合，Protel DXP 提供了全面的设计解决方案。

Protel DXP 的强大功能大大提高了电路板设计、制作的效率，它的"方便、易学、实用、快速"的特点，以及其友好的 Windows 风格界面，使其成为广大电子线路设计者首选的计算机辅助电路板设计软件。

Protel DXP 软件运行的推荐配置：

操作系统：Windows XP、Windows 7、Windows 8；

CPU 主频：Pentium 1.2GHz 以上；

内存：512MB RAM；

硬盘空间：大于 620MB 硬盘空间；

显示器：最低分辨率为 1280×1024 像素，32 位真彩色；

显卡：32MB 显卡。

第一节　初识 Protel DXP

一、Protel 的产生及发展

Protel DXP 2004 是 Altium 公司于 2004 年推出的电路设计软件。该软件能实现从概念设计、顶层设计直到输出生产数据以及这之间的所有分析验证和设计数据的管理。比较流行的 Protel 98、Protel 99 SE，就是它的前期版本。

Protel DXP 2004 已不是单纯的 PCB 设计工具，而是由多个模块组成的系统工具，分别是 SCH（原理图）设计、SCH（原理图）仿真、PCB 设计、Auto Router（自动布线器）和 FPGA 设计等，覆盖了以 PCB 为核心的整个物理设计。该软件将项目管理方式、原理图和 PCB 图的双向同步技术、多通道设计、拓扑自动布线以及电路仿真等技术结合在一起，为电路设计提供了强大的支持。

与较早的版本——Protel 98 相比，Protel DXP 2004 不仅在外观上显得更加豪华、人性化，而且极大地强化了电路设计的同步化，同时整合了 VHDL 和 FPGA 设计系统，其功能大大加强了。

1985 年，诞生了 DOS 版的 Protel；

1991 年，诞生了 Windows 版 Protel；

1998 年，诞生了第一个 32 位平台下的 Protel 98；

1999 年，诞生的 Protel 99 既有原理图的逻辑功能验证的混合信号仿真，又有了 PCB 信号完整性分析的板级仿真，构成从电路设计到真实板分析的完整体系；

2000 年，Protel 99 SE 性能进一步提高，可以对设计有更好的过程控制；

2002 年，Protel DXP 诞生，它集成了更多工具，使用方便，功能更强大。

二、Protel DXP 主要特点

（1）通过设计档分包的方式，将原理图编辑、电路仿真、PCB 设计及打印这些功能有机地结合在一起，提供了一个集成开发环境。

（2）提供了混合电路仿真功能，为判断设计实验原理图电路中某些功能模块的正确与否提供了方便。

（3）提供了丰富的原理图组件库和 PCB 封装库，并且为设计新的器件提供了封装向导程序，简化了封装设计过程。

（4）提供了层次原理图设计方法，支持"自上向下"的设计思想，使大型电路设计的工作组开发方式成为可能。

（5）提供了强大的查错功能。原理图中的 ERC（电气法则检查）工具和 PCB 的 DRC（设计规则检查）工具能帮助设计者更快地查出和改正错误。

（6）全面兼容 Protel 系列以前版本的设计文件，并提供了 OrCAD 格式文件的转换功能。

（7）提供了全新的 FPGA 设计的功能，这是以前的版本所没有提供的功能。

三、电路板设计的一般流程

1. 方案分析

决定电路原理图如何设计，同时也影响到 PCB 板如何规划。根据设计要求进行方案比较、选择，元器件的选择等，是开发项目中最重要的环节。

2. 电路仿真

在设计电路原理图之前，有时候会对某一部分电路设计并不十分确定，因此需要通过电路仿真来验证。还可以用于确定电路中某些重要器件参数。

3. 设计原理图组件

Protel DXP 提供了丰富的原理图组件库，但不可能包括所有组件，必要时需动手设计原理图组件，建立自己的组件库。

4. 绘制原理图

找到所有需要的原理组件后，开始原理图绘制。根据电路复杂程度决定是否需要使用层次原理图。完成原理图后，用 ERC 工具查错。找到出错原因并修改原理图电路，重新查错到没有原则性错误为止。

5. 设计组件封装

和原理图组件库一样，Protel DXP 也不可能提供所有组件的封装。需要时用户可以自行设计并建立新的组件封装库。

6. 设计 PCB 板

确认原理图没有错误之后，开始 PCB 板的绘制。首先绘出 PCB 板的轮廓，确定工艺要求（使用几层板等）。然后将原理图传输到 PCB 板中来，在网络表、设计规则和原理图的引导下布局和布线。DRC 工具查错，是电路设计时另一个关键环节，它将决定该产品的实用性能，需要考虑的因素很多，不同的电路有不同要求。

7. 文档整理

对原理图、PCB 图及器件清单等文件予以保存，以便以后维护、修改。

四、启动 Protel DXP

1. 启动 Protel DXP

启动 Protel DXP 2004 一般有 3 种方法：

用鼠标双击 Windows 桌面的快捷方式图标，进入 Protel DXP 2004；

执行"开始"菜单→"程序"→"Altium"→"DXP 2004"，如图 1 - 1 所示；

执行"开始"菜单→"DXP 2004"。

Protel DXP 2004 启动后，系统出现启动画面，几秒钟后，系统进入程序主页面，如图 1 - 2 所示。

图 1 - 1　启动 Protel DXP

图 1 - 2　Protel DXP 2004 主页面

2. Protel DXP 2004 的中英文切换

对于许多不太熟悉英文的用户，Protel DXP 2004 有针对支持中文语言的界面菜单显示的汉化包，但是在汉化之前应该先安装 Protel DXP 2004 的升级补丁 Service Packet 2（即 SP2 补丁）。该补丁和汉化包均可以从网络中搜索并下载。

安装了 SP2 后，打开 Protel DXP 2004，单击界面左上角的 DXP 系统配置菜单，选择弹出的 Preferences 选项。在弹出的系统属性对话框中，选择 General 项，然后选中右下角的 Use Localized resource 复选框，这时会弹出 DXP Warning 对话框，点击 OK 消除对话框，然后再分别选中 Display Localized 对话框单选按钮和 Localized Menus 复选框。选择完毕，单击 OK 按钮即可。当下次启动 Protel 时，你会看到菜单和对话框大都进行了汉化。

Protel DXP 2004 有 SP1、SP2、SP3、SP4 共 4 个补丁包，用户可以根据自己的需要选择安装相应的补丁包，一般 SP1 和 SP2 是必要的，SP3 和 SP4 可以选择安装，安装了相应的补丁后，界面会有点小区别。

3. Protel DXP 的设计管理器

启动后进入图 1 - 3 所示的 Protel DXP 设计管理器窗口。Protel DXP 的设计管理器窗口类似于 Windows 的资源管理器窗口。设有主菜单、主工具栏，左边为 Files Panels（文件工作区面板），右边对应的是主工作面板，最下面的是状态条。

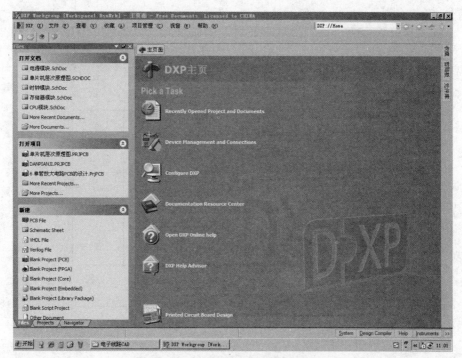

图 1 - 3　Protel DXP 设计管理器窗口

Protel DXP 中以设计项目为中心，一个设计项目中可以包含各种设计文件，如原理图 SCH 文件、电路图 PCB 文件以及各种报表，多个设计项目可以构成一个 Project Group（设计项目组）。因此，项目是 Protel DXP 工作的核心，所有设计工作均是以项目来展开的。

第二节　项目设计系统

一、设计项目的建立

由于 Protel DXP 的设计引入了项目的概念，因此，无论是绘制原理图还是设计 PCB，都应该首先创建项目文件，并将创建的文件都归在同一个 Windows 文件夹下，以便分类管理，如图 1 - 4 所示。

二、设计文档的建立和保存

在 Protel DXP 下创建项目，依次单击菜单栏"文件"→"创建"→"项目"→"PCB 项目"，会弹出如图 1 - 5 所示的 Projects 文件工作面板。

新建的 DXP 设计项目默认的项目文件名为 PCBProject 1. PrjPCB。创建项目后，项目文件下方出现"No Documents Added"，如图 1 - 6 所示。这表示目前的项目下面没有任何文件，相当于我们在生活中准备好了一个箱子，但是箱子内还是空的，需要我们不断地添加物品。

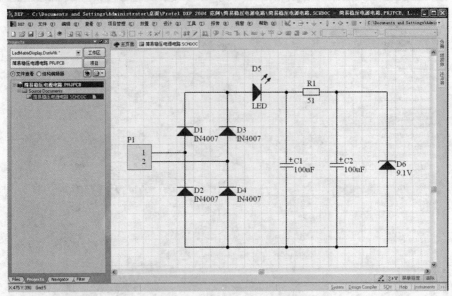

图 1 - 4 Protel DXP 设计项目

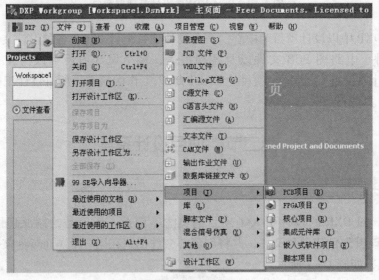

图 1 - 5 创建项目

Protel DXP 除了可以新建项目文件还可以新建 SCH 电路原理图、PCB 文件、SCH 原理图库、PCB 库、VHDL 设计文档等。

依次单击菜单栏 "文件" → "创建" → "原理图", 在当前项目 PCB-Project1. PrjPCB 下建立电路原理图文件, 即 SCH 文件, 如图 1 - 7 所示。

原理图文件默认文件名为 Sheetl. SchDoc, 同时右边的设计窗口中打开 Sheetl. SchDoc 的网格状电路原理图设计模板, 如图 1 - 8 所示。

图 1 - 6 项目管理器

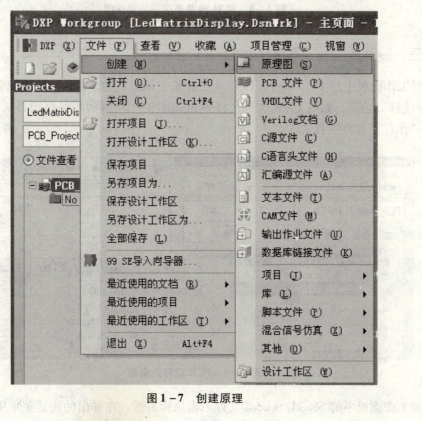

图 1 - 7 创建原理

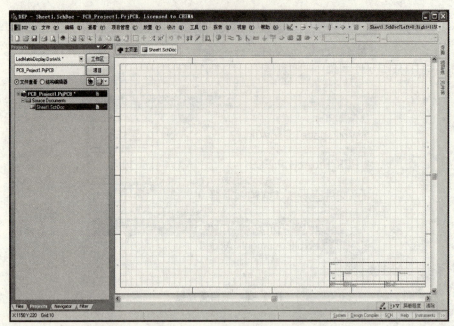

图 1 - 8　SCH 电路原理图编辑接口

三、设计项目和原理图的保存

对工作面板中的 PCBProjectl. PrjPCB 文件单击鼠标右键，在弹出的快捷菜单中选择"保存项目"选项，如图 1 - 9 所示，将弹出如图 1 - 10 所示的保存项目文件对话框，点击"保存"保存项目文件。

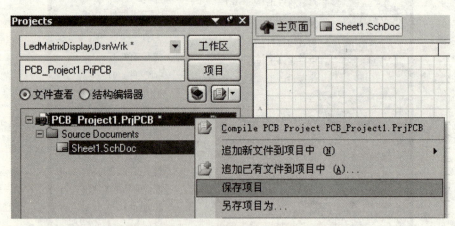

图 1 - 9　PCB 项目的保存

对工作面板中的 Sheet1. Schdoc 文件单击鼠标右键，在弹出的快捷菜单中选择"保存"选项，如图 1 - 11 所示，将弹出如图 1 - 12 所示的保存原理图文件对话框，点击"保存"保存原理图文件。

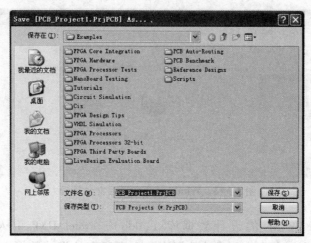

图 1-10 项目保存对话框

在保存文件对话框中,用户可以更改设计的名称、所保存的文件路径等。通常保存同一项目和其下的文件时,最好更改保存路径,并放在同一个 Windows 文件夹下,这样可以方便归纳管理,如图 1-13 所示。

图 1-11 原理图的保存

图 1-12 原理图保存对话框

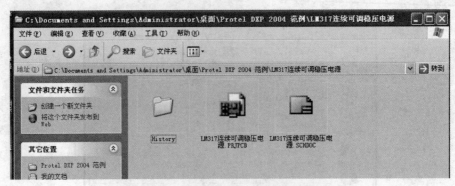

图 1-13 Windows 下的项目文件管理

不同于 Protel 99 SE 的设计数据库（.ddb），Protel DXP 引入了工程项目组（＊.PrjGrp为扩展名）的概念。设计数据库包含了所有的设计数据文件，如原理图文件、印刷电路板文件以及各种文本文件和仿真波形文件等，有时就显得比较大，而 Protel DXP 的设计是面向一个工程项目组的，一个工程项目组可以由多个项目工程文件组成，这样就使通过项目工程组管理进行设计变得更加方便、简洁。

用户可以把所有的文件都包含在项目工程文件中，其中主要有印制电路板文件等，可以建立多层子目录。以 ＊.PrjGrp（项目工程组）、＊.PrjPCB（PCB 设计工程）、＊.PrjFpg（FPGA 设计工程）等为扩展名的项目工程中，所有的电路设计文件都接受项目工程组的管理和组织，用户打开项目工程组后，Protel DXP 会自动识别这些文件。相关的项目工程文件可以存放在一个项目工程组中以便于管理。

当然，用户也可以不建立项目工程文件，而直接建立一个原理图文件、PCB 文件或者其他单独的、不属于任何工程文件的自由文件，这在以前版本的 Protel 中是无法实现的。如果愿意，也可以将那些自由文件添加到期望的项目工程文件中，从而使得文件管理更加灵活、便捷。在 Protel DXP 中支持的部分文件所表示的含义，如表 1-1 所示。

表 1-1   Protel DXP 支持的文件类型

文件类型	扩展名	文件类型	扩展名
项目工程组	.PrjGrp	网络表比较结果文件	.REP
PCB 设计工程	.prjPCB	元件交叉参考表文件	.XRP
FPGA 设计工程	.prjFpg	跟踪结果文件	.THG
电路原理图文件	.SchDoc	网页格式文件	.HTML
印制电路板文件	.PcbDoc	Excel 表格式文件	.XLS
原理图库文件	.SchLib	字符串形式文件	.CSV
PCB 元件库文件	.PcbLib	仿真输出波形文件	.SDF
集成式元件库文件	.IntLib	原理图 SPICE 模式表示文件	.NSX
网络表文件	.NET		

第三节　原理图环境设置

原理图环境设置主要指图纸和鼠标游标设置。绘制原理图首先要设置图纸，如设置纸张大小、标题框、设计文件信息等，确定图纸档的有关参数。图纸上的鼠标游标为放置组件、连接线路带来很多方便，合理的设置会为用户带来高效的工作体验。

1. 打开图纸设置对话框

在 SCH 电路原理图编辑接口下，执行菜单命令"设计"→"文档选项"，将弹出"文档选项"对话框，在这里可以对图纸属性进行设置，如图 1 - 14 所示。

在当前原理图上空白处单击鼠标右键，弹出右键快捷菜单，从弹出的右键菜单中选择"选项"→"文档选项"，同样可以弹出"文档选项"对话框，如图 1 - 15 所示。

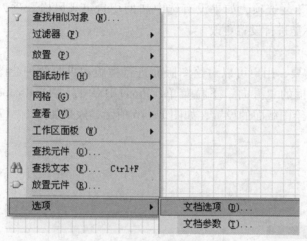

图 1 - 14　图纸属性设置对话框

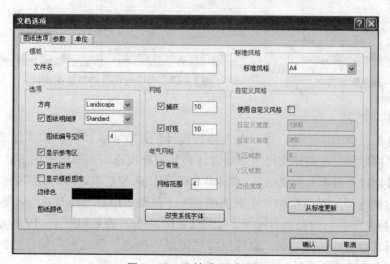

图 1 - 15　文档选项对话框

2. 图纸大小的设置

如用户要将图纸大小更改成为标准 A4 图纸。将鼠标游标移动到图纸属性设置对话框中的 Standard Style（标准图纸样式），单击下拉按钮启动该项，再用游标选中 A4 选项，单击"确认"按钮确认。

Protel DXP 所提供的图纸样式有以下几种：

（1）美制：A0、A1、A2、A3、A4，其中 A4 最小。

（2）英制：A、B、C、D、E，其中 A 型最小。

（3）其他：Protel 还支持其他类型的图纸，如 Orcad A、Letter、Legal 等。

3. 自定义图纸设置

如果图纸设置不能满足用户要求，可以自定义图纸大小。自定义图纸大小可以在"自定义风格"选项区域中设置。在文档选项对话框的"自定义风格"选项区域选中"使用自定义风格"复选项，如果没有选中"使用自定义风格"项，则下面相应的设置选项为灰色，不能进行设置更改。

4. 图纸的方向

根据用户的需要，用户可以对绘图版面进行横版和纵版两种绘图方向的选择，在"文档选项"对话框的"方向"下拉菜单，Protel DXP 提供 Landscape（横向）和 Portrait（纵向）两种绘图版面的设置，如图 1 – 16 所示，效果如图 1 – 17 所示。

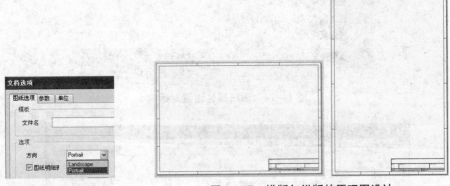

图 1 – 16　图纸方向　　　　　图 1 – 17　横版与纵版的原理图设计

5. 图纸明细表

和所有工程类图纸设计一样，在电路板设计的过程中，用户通常都需要对图纸进行基本信息的标注，这类标注可以帮助设计者和用户快速识别图纸的内容、设计单位、设计师、日期以及版本等重要信息。Protel DXP 提供两种基本的图纸明细表供设计者使用。在"文档选项"对话框的"图纸明细表"下拉菜单中有 Standard（标准）和 ANSI（美国国家标准学会）两种进行选择，如图 1 – 18 所示，效果如图 1 – 19 所示。如果用户需要根据自身需要进行定制，也可以将"图纸明细表"复选框勾除，然后再使用绘图工具和文字工具重新设计明细表。

图 1 – 18 图纸明细表选项

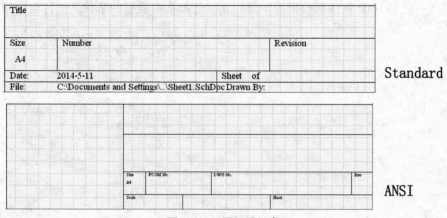

图 1 – 19 图纸明细表

6. 网格

在绘图过程中为方便用户查看、移动器件和布线，DXP 提供了是否捕捉网格和网格是否可视复选框，用户可根据自己的使用习惯进行选择。

7. 单位

Protel DXP 提供了英制和公制两种绘图单位供用户选择，单击"文档选项"对话框的"单位"选项卡，可以看到"使用英制单位"和"使用公制单位"复选框，通过选择，用户可以在英制和公制之间进行切换，如图 1 – 20 所示。英制单位以英寸（Inchs）和毫英寸（Mils）为主，公制以毫米（Millimeters）、厘米（Centimeters）和米（Meters）为主：

英寸：inch 1（inch）＝25.4（mm）

毫英寸：Mil 1（Mil）＝0.001（inch）

1Mil＝0.0254mm

这里需要注意的是，虽然在我国通行公制标准，但是设计师在原理图绘制时还是多以英制为主，这一点可以在软件左下角的坐标系里十分明显地看出。在开启网格捕捉的条件下，选择了公制以后，坐标系的数值带有十分明显的英制转换痕迹，突出表

图 1 – 20   单位的切换

现就是坐标数值基本都是 254 的倍数，这在绘图中并不直观方便。造成这种现象的主要原因之一就是 DXP 软件所自带的丰富的元器件都是在英制的条件下进行设计的。

第二章　原理图设计基础

第一节　原理图设计步骤

原理图设计是电路设计的基础，只有在设计好原理图的基础上才可以进行印制电路板的设计和电路仿真等。本章详细介绍了如何设计电路原理图、编辑修改原理图。通过本章的学习，掌握原理图设计的过程和技巧。原理图的设计流程如图 2 − 1 所示。

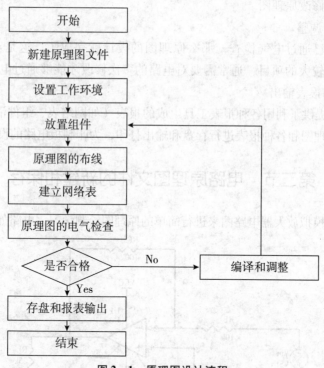

图 2 − 1　原理图设计流程

（1）新建原理图文件

在进入 SCH 设计系统之前，首先要构思好原理图，即必须知道所设计的项目需要哪些电路来完成，然后用 Protel DXP 来画出电路原理图。

（2）设置工作环境

根据实际电路的复杂程度来设置图纸的大小。在电路设计的整个过程中，图纸的大小都可以不断地调整，设置合适的图纸大小是完成原理图设计的第一步。

（3）放置组件

从组件库中选取组件，布置到图纸的合适位置，并对组件的名称、封装进行定义和设定，根据组件之间的走线等联系对组件在工作平面上的位置进行调整和修改使得原理图美观而且易懂。

（4）原理图的布线

根据实际电路的需要，利用 SCH 提供的各种工具、指令进行布线，将工作平面上的器件用具有电气意义的导线、符号连接起来，构成一幅完整的电路原理图。

（5）建立网络表

完成上面的步骤以后，可以看到一张完整的电路原理图了，但是要完成电路板的设计，就需要生成一个网络表文件。网络表是电路板和电路原理图之间的重要纽带。

（6）原理图的电气检查

当完成原理图布线后，需要设置项目选项来编译当前项目，利用 Protel DXP 提供的错误检查报告修改原理图。

（7）编译和调整

如果原理图已通过电气检查，那么原理图的设计就完成了。这是对于一般电路设计而言，尤其是较大的项目，通常需要对电路的多次修改才能够通过电气检查。

（8）存盘和报表输出

Protel DXP 提供了利用各种报表工具生成的报表（如网络表、组件清单等），同时可以对设计好的原理图和各种报表进行存盘和输出打印，为印制板电路的设计做好准备。

第二节　电路原理图文件的新建和保存

我们以一张模拟放大器电路图来进行简单的原理图绘制学习，电路如图 2－2 所示。

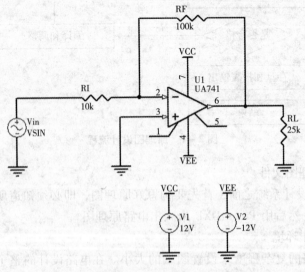

图 2－2　模拟放大器电路

新建 PCB 项目：执行"文件"菜单，选择"创建"，然后选择"项目"子菜单下的"PCB 项目"，如图 2 – 3 所示。

图 2 – 3　新建项目

执行完毕后，新建了一个名为"PCB_ Project1. PrjPCB"的 PCB 项目文件，显示在文件面板的下方，如图 2 – 4 所示。

新建原理图设计文件：执行"文件"菜单，选择"创建"，然后选择"原理图"。新建了一个名为"Sheet1. Schdoc"的原理图设计文件，显示在 PCB 项目"PCB_ Project1. PrjPCB"的下方，如图 2 – 5 所示。

保存原理图设计文件：执行"文件"，选择"保存"，在弹出的对话框中，将原理图设计文件保存为"模拟放大器电路图 . Schdoc"。

保存设计项目：执行"文件"菜单，选择"另存项目为"，在弹出的对话框中，将项目保存为"模拟放大器 . PrjPCB"。保存后文件面板中的文件名也同步更新为"模拟放大器电路图 . Schdoc"。右边的空白图纸就是 Protel DXP 2004 的原理图绘制的工作区域。

如果需要向指定的设计项目中添加原理图设计文件，也可以在文件工作面板中的设计项目名上单击右键，选择快捷菜单中的"追加新文件到项目中"，然后选择"Schematic"。采用这样的方法也可以向设计项目中添加其他类型的文件。

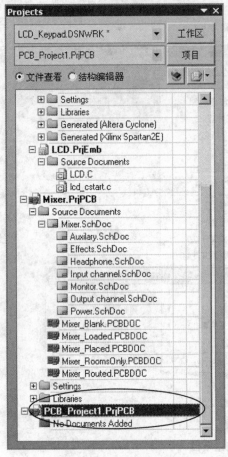

图 2 - 4　新建 PCB 项目

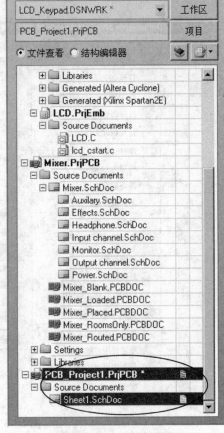

图 2 - 5　新建原理图

在 Protel DXP 2004 中，是以项目设计文件为单位进行管理的，设计项目可以包含电路原理图文件、印制电路板文件、源程序文件等。该种组织结构以树型的形式显示在文件工作面板中。如图 2 - 6 所示。

常见的项目类型有：PCB 项目（. PrjPCB）、FPGA 项目（. PrjFPG）、核心项目（. PrjCOR）、嵌入式软件项目（. PrjEmb）、集成元件库（. LibPkg）、脚本项目（. PrjScr）等。

常见的文件类型有：原理图设计文件（. Schdoc）、PCB 设计文件（. Pcbdoc）、VHDL 文件（FPGA 设计文件，即 . Vhdl）等。

Protel DXP 2004 以项目设计文件为单位对这些存储在不同的地方的文件进行设计和管理。一个设计项目中可以包含若干个类型相同或不相同的设计文件，这些文件可以存储在不同的地方。但是为了管理方便，通常用户在 Protel DXP 2004 中为每一个工程项目独立地建立一个文件夹，用来存放所有与项目有关的文件。

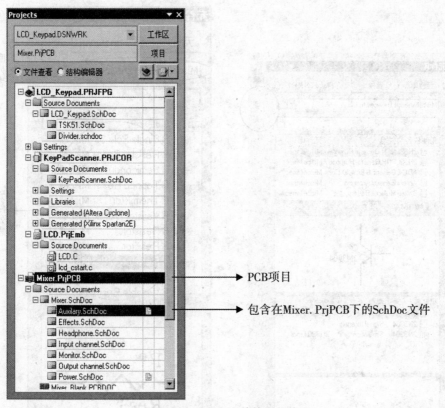

图 2 - 6　项目和文件的组织关系

第三节　元件的查找和放置

1. 元件的查找和放置

首先开始查找图 2 - 2 中的电阻 RI、RF 和 RL，并将这三个电阻放置到图中合适的位置。

（1）执行"查看"→"显示整个文档"菜单命令，确认整个电路原理图纸显示在整个窗口中。该操作也可以通过在图纸上单击右键，在弹出的快捷菜单中选择"查看"→"显示整个文档"进行。

（2）单击 Protel DXP 2004 窗口右侧的标签项"元件库"，打开"元件库"面板，如图 2 - 7 所示。该面板也可以通过菜单"查看"→"工作区面板"→"System"→"元件库"打开或关闭。

（3）从元件库面板上方的库列表下拉菜单中选择 Miscellaneous Devices. Intlib，使之成为当前元件库，同时该库中的所有元件显示在其下方的列表项中。从元件列表中找到电阻 RES3，单击选择电阻后，电阻将显示在面板的下方。如图 2 - 8 所示。

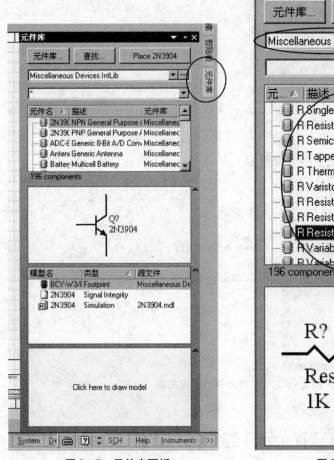

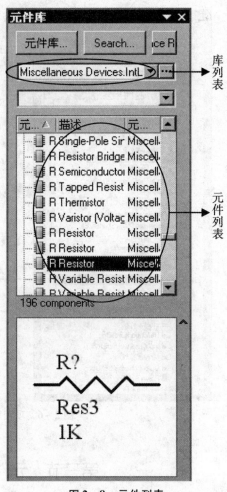

图 2-7　元件库面板　　　　　　　　　图 2-8　元件列表

（4）双击 RES3（或者单击选中 RES3，然后单击元件库面板上方的"Place Battery"按钮），移动鼠标到图纸上，在合适的位置单击，即可将元件 RES2 放下来。在放置器件的过程中，如果需要器件旋转方向，可以按空格键进行。每按一次空格键，元件旋转 90°。

如果需要连续放置多个相同的元件，可以在放置完毕一个元件后，单击连续放置，放置完毕后可以单击右键退出元件放置状态，或者按 ESC 键即可。放置了 3 个电阻后的图纸如图 2-9 所示。

如果当前元件库中的器件非常多，逐个浏览查找比较困难，那么可以使用过滤器快速定位需要的元件。比如需要查找电容，那么就可以在过滤器中输入 CAP，名为 CAP 的电容将呈现在元件列表中。如图 2-10 所示。

如果只记得元件中是以字母 C 开头，则直接可以在过滤器中键入"C ∗"进行查找，∗ 表示任意个字符。如果记得元件的名字是以 CAP 开头，最后有一个字母不记得

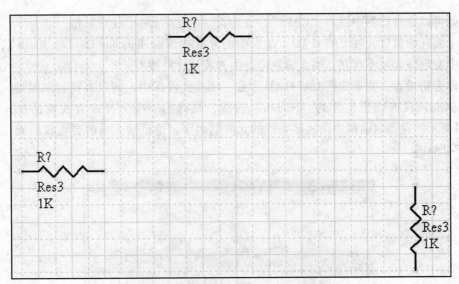

图 2 - 9　放置了 3 个电阻的原理图纸

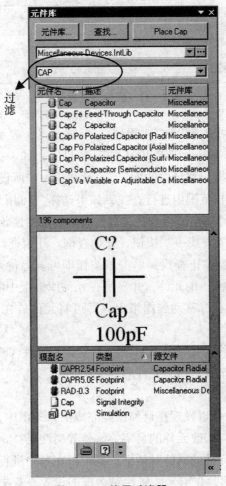

图 2 - 10　使用过滤器

了，则可以在过滤器中键入"CAP？"，通配符"？"表示一个任意字符。

下面开始放置元件 UA741AD，在当前的元件库 Miscellaneous Devices. Intlib 的元件列表中发现该元件不存在。那么该到何处去查找该元件呢？

作为初学者，并不知道 UA741AD 存在于哪个元件库中，所以查找起来困难。这时可以单击元件库面板上方的"Search"按钮，将弹出一个元件库查找对话框，如图 2-11 所示。在该对话框中输入要查找的元件的名字，这里输入当前要查找的元件名字"UA741AD"。

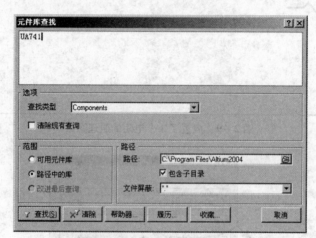

图 2-11　元件库查找对话框

在对话框下的"查找类型"中选择"Components"，表示要查找的是普通的元器件；在"路径"中选择 Protel DXP 2004 的安装目录，如 C：\ Program Files \ Altium 2004；在"范围"中选择"路径中的库"，表示在前一步所设置的路径（如 C：\ Program Files \ Altium 2004）范围内进行查找，如果选择"可用元件库"项，则表示只在当前已经加载进来的元件库中进行查找，此种查找的范围比较小。

设置完毕后，单击"查找…"按钮，开始查询。开始查询后，"Search"按钮将变为"Stop"按钮，如果要停止查找，单击该按钮即可。等待几秒钟后，将查找到所有元件名字包含"UA741AD"的元件，并显示在元件库面板中的"元件列表"中。双击元件 UA741AD，然后将鼠标移动到图纸上，即可将元件放在合适的位置，如图 2-12 所示。

按照以上所述的元件查找和放置方法，分别找到元件 VSIN 和 VSRC，并将其放置在图纸上合适的位置。至此，所有元件放置完毕。

2. 元件属性的设置

和图 2-2 相比较，可以发现在目前已经完成的原理图中，元件的名字和编号和要求的不一致。那么该如何修改元件的名字、编号等属性呢？

双击元件，打开该元件的属性对话框，就可以在其中进行修改相关的元件属性了。在此，以电阻 RES3 为例，介绍元件属性对话框的设置。双击 RES3，打开该元件的属

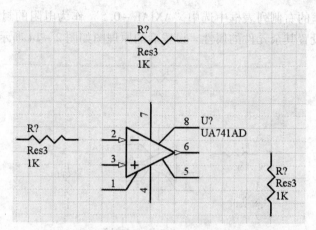

图 2 - 12 放置了元件 UA741AD 后的原理图

性对话框，如图 2 - 13 所示。

元件属性对话框的左上角，标志符表示的是该元件所对应的编号，这里设置其为 RI，注释一栏表示的是该元件的说明信息，如 RES3，取消"可视"单选框，将其不显示。在右边列项中，将 Value 的值改为 10K，在右下方的 Footprint 前的列表框中可以选择相应的元件封装类型。

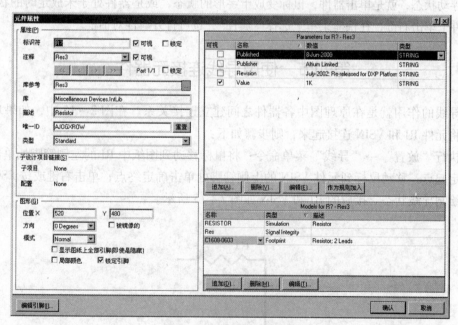

图 2 - 13 元件属性对话框

本例中，需要将元件的封装设置为 AXIAL - 0.5，列表中不存在该选项，双击 Footprint 后的描述区，打开"PCB 模型"对话框，在"PCB 库"项中单击选中"任意"选项，然后单击对话框上方的"名称"后的"浏览…"按钮，弹出一个"库浏览…"对话框，在该对话框的右侧列表框中选中"AXIAL－0.5"作为电阻的封装。依此类推分别按照如下要求设置其余元件的属性。设置后的原理图如图2－14所示。

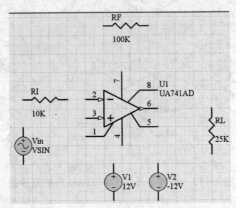

图 2 - 14　设置完属性的原理图

绘图过程中，如果需要修改元件编号或元件名称的颜色或改变字体，只要双击要修改的元件名称或编号，即可打开参数属性对话框进行设置。

打开元件属性对话框的另外一种方法是，当元件处于浮动状态时，按下键盘 Tab 键。所谓浮动状态，就是单击器件，鼠标变成十字形的状态，或是器件处于未放定时的状态。在器件上单击右键，在快捷菜单上选择"属性"，也可打开属性对话框。

第四节　使用导线连接元器件

导线的作用就是在原理图中各器件之间建立连接关系。在图 2 - 15 中，如果现在需要将元件 RI 和 VSIN 连接起来，则步骤如下：

执行"放置"→"导线"菜单命令；将鼠标移动到图纸中 RI 的左侧管脚处单击左键确定起点；移动鼠标到元件 VSIN 的上侧管脚处单击确定终点；单击右键或按 ESC 键退出绘制导线状态。接后的 RI 和 VSIN 如图 2 - 15 所示。

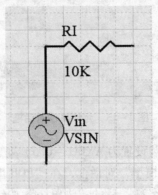

图 2 - 15　连接导线

在绘制导线的过程中，如果需要在某处拐弯，则可以在拐点处单击鼠标左键确定拐点，再继续进行连接。在绘制导线的过程中，如果按下 Tab 键，则将弹出"导线属性"对话框，用户可以在对话框中设置导线的颜色和宽度。

绘制导线过程中，当导线移动到某个引脚端点或者导线端点时，将出现红色的"×"，这是前面所提到的电气栅格的作用，能够在规定的距离内自动捕捉到端点而进行连接。所有器件连接后的效果如图 2－16 所示。

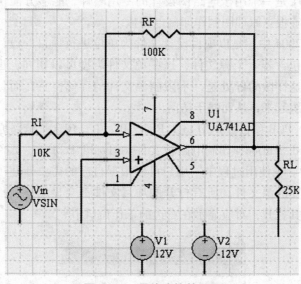

图 2－16　导线连接效果图

第五节　电源符号的使用

执行"放置"→"电源端口"菜单命令，然后将鼠标移动到原理图中电阻 RL 下方，连续按三次空格键，使电源符号转动 270°，然后将电源符号对齐电阻引脚放置，如图 2－17 所示。双击电源符号，在弹出的属性对话框中，将电源符号的显示形式由 Bar 改为 Power Ground。修改后如图 2－18 所示。

图 2－17　电源符号　　　　　　　　图 2－18　接地符号

在电源符号属性对话框中，可以修改电源符号的名称、颜色、坐标位置、放置角度以及显示形式。

按照以上方法放置所有的电源符号，并设置相应的显示形式、名称、角度和位置。至此，图2-2所示的训练任务全部完成，最后再次保存即可。

小 结

Protel DXP 2004 是一个用于电路图设计的专用软件，能够方便快捷地绘制和编辑电路原理图，并能够根据原理图制作印制电路板。

在 Protel DXP 2004 中，是以项目设计文件为单位进行项目的设计和管理，每个项目设计文件中可以包含若干个源文件，这些源文件类型可以相同，也可以不相同，存储位置可以任意。这样做的好处是，不限制源文件的存储位置，而且利用项目文件的形式可以很好地组织起来，从而便于访问。

参考图2-19，PCB 项目"BCD to 7. PRJPCB"中，包含了电路原理图文件 BCD to 7. schdoc 和 keyboard. SchDoc、印制电路板文件 keyboard. PcbDoc、元件库文件 myself library. Schlib 等文件。在使用过程中，用户可以根据自己的需要新建项目设计文件，并可以在其中添加需要的源文件。所有打开的项目文件都会显示在文件工作面板中，双击某个文件即可将其打开，对应显示在右边的工作窗口中。

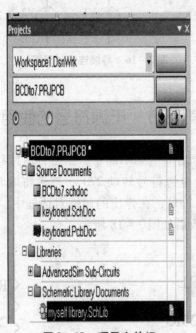

图2-19 项目文件组

第三章　原理图项目的创建与绘制

第一节　实用门铃电路的绘制

本节通过一个实用门铃电路的绘制来讲解如何设置电路原理图图纸参数（图纸大小、颜色等）、如何加载和删除元件库，以及如何实现对元件的编辑（包括剪切、复制、粘贴、删除、排列等）。

一、训练任务

如图 3–1 所示，是一种能发出"叮、咚"声的门铃的电路原理图。它是利用一块时基电路集成块 SE555D 和外围元件组成的。要求图纸大小为 A4，水平放置，图纸颜色为白色，边框色为黑色，栅格大小为 10，捕捉大小为 5，电气栅格捕捉的有效范围为 5，系统字体为宋体 12 号黑色。

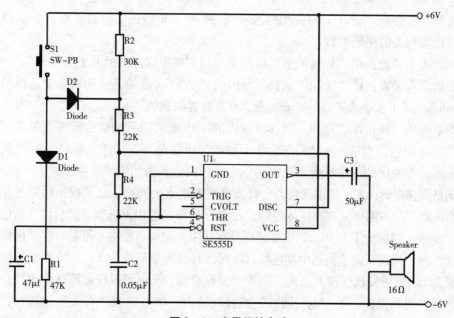

图 3–1　实用门铃电路

二、学习目标

（1）理解并掌握绘图的一般步骤。

（2）掌握电路原理图图纸参数的设置。

（3）掌握元件库的加载和删除。

（4）掌握元件的编辑方法（选择、移动、删除、复制、粘贴、排列）。

（5）进一步掌握元件属性的设置（包括元件序号、名称、封装、标称值等）。

（6）掌握导线和电源符号的使用。

三、操作步骤

1. 新建设计项目文件和原理图文件

建立一个新的设计项目文件和原理图文件，并将文件分别保存为"实用门铃电路 . PrjPCB"和"实用门铃电路 . SchDoc"。如图 3 - 2 所示。

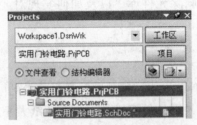

图 3 - 2　新建项目文件和原理图文件

2. 原理图图纸参数设置

选择菜单命令"设计"→"文档选项"，弹出"文档选项"对话框。在该对话框中可以设置相关的图纸参数。

图纸大小设置：在"标准风格"后的下拉列表框中选择图纸大小为"A4"。

图纸方向设置：在"选项"选择区域内的"方向"后的下拉列表框中选择图纸方向为 landscape（水平放置）（portrait 表示垂直放置的意思）。

图纸颜色设置：在"选项"选择区域内的"边缘色"后的颜色标签上单击，在弹出的"边缘颜色"对话框中选择黑色作为图纸的边框色。在"图纸颜色"后的颜色标签上单击，在弹出的"图纸颜色"对话框中选择白色作为图纸的颜色。

栅格和捕捉的设置：所谓栅格，也就是电路图纸上的网格，而捕捉指的是光标每次移动的距离。在"网格"选择区域内的"可视"前单击选中复选框，然后将其后的数值改为 10，表示网格大小为 10。如果复选框没有选中，则表示栅格不可见。在"网格"选择区域内的"捕获"前单击选中复选框，然后将其后的数值改为 5，表示光标每次移动的距离为 5。如果复选框没有选中，则表示没有捕捉，光标可以任意距离移动。

电气捕捉的设置：在"电气网格"选择区域内，单击选中"有效"复选框，表示电气栅格有效，然后将"网格范围"后的数值设置为 5。如果"有效"复选框没有选中，则表示电气栅格无效。所谓电气栅格范围为 5，表示在绘图的时候，系统能够自动在 5 的范围内自动搜索电气节点，如果搜索到了电气节点，光标会自动移动到该节点上，并在该节点上显示一个圆点。

系统字体设置：单击"改变系统字体"按钮，在弹出的对话框中设置图纸的系统字体为 12 号、宋体、黑色。

设置完毕后，单击"确定"按钮即可。"文档选项"对话框的设置如图 3 - 3 所示。

图 3 - 3　　"文档选项"对话框

在"文档选项"对话框中，"文件名"后的文本框中可以输入电路图纸的名称，如本任务中，图纸名称可以设置为"实用门铃电路图"。

"显示参考区"复选框用于设置是否显示图纸的参考边框。

"显示边界"复选框用于设置是否显示图纸边框。

"显示模板图形"复选框用于设置是否显示图纸模板图形。

在"自定义风格"选项区域内，如果选中"使用自定义风格"后的复选框，则用户可以在其中自由设置图纸大小。如果没有选中复选框，则只能在"标准风格"后的下拉列表框中选择一个系统提供的图纸大小。

3. 元件库的加载

本例中所需要的元件主要包含在 TIAnalog Timer Circuit. IntLib 和 Miscellaneous device. IntLib 两个元件库中。因此，必须先将这两个元件库加载到项目中去。

单击窗口右侧的"元件库"标签，打开"元件库"面板。单击上方的"元件库…"按钮，弹出一"可用元件库"对话框，其中列出的就是当前项目已经安装可供使用的元件库，如图 3 - 4 所示。可以看到其中包含 Miscellaneous device. IntLib 元件库，表示其已经加载进来。下面只需要加载元件库 TIAnalog Timer Circuit. IntLib 即可。

单击"可用元件库"对话框下侧的"安装"按钮，在"打开"对话框中，找到 Texas Instruments 文件夹，双击打开，然后找到 TI Analog Timer Circuit. IntLib，单击选中，单击"打开"按钮。元件库 TI Analog Timer Circuit. IntLib 即被加载进来可供使用

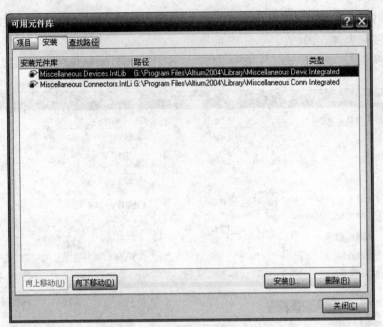

图 3 - 4   "可用元件库" 对话框

了。单击"关闭"按钮,关闭掉"可用元件库"对话框。

在 Protel DXP 2004 软件被安装到计算机中的同时,它所附带的元件库也被安装到计算机的磁盘中了。在软件的安装目录下,有一个名为 Library 的文件夹,其中专门存放了这些元件库。这些元件库是按照生产元件的厂家来分类的,比如 Western Digital 文件夹中包含了西部数据公司所生产的一些元件,而 Toshiba 文件夹中则包含了东芝公司所生产的元件。

在绘图过程中,用户需要把自己常使用的器件所在的库加载进来。由于加载进来的每个元件库都要占用系统资源,影响应用程序的执行效率,所以在加载元件库时,最好的做法是只装载那些必要而且常用的元件库,其他一些不常用的元件库仅当需要时再加载。日常使用最多的元件库是 Miscellaneous Connectors. IntLib 和 Miscellaneous Devices. IntLib,后者中包含了一些常用的器件,如电阻、电容、二极管、三极管、电感、开关等,而前者包含了一些常用的接插件,如插座等。

4. 元件的查找和放置

在"元件库"面板中,在元件库下拉列表中可以看到元件库 TIAnalog Timer Circuit. IntLib 和 Miscellaneous device. IntLib 都已经被安装并可供使用,如图 3 - 5 所示。

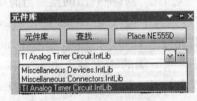

图 3 - 5   元件库列表

单击选中 Miscellaneous devices. IntLib 作为当前元件库，下面的元件列表框中就列出了该元件库中所包含的所有器件，如图 3 - 6 所示。

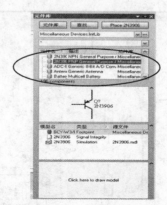

图 3 - 6　元件列表框

在元件列表框中找到电阻 RES2，双击，然后移动到图纸上在合适的位置放置 4 个，具体位置可参照图 3 - 1。在绘制过程中按空格键可以将元件旋转 90°。

放置完毕电阻后，在元件列表框中找到二极管 DIODE，双击后移动到图纸中合适的位置，放置 2 个。依此类推，分别找到电容 CAP、开关 SW - PB、喇叭 Speaker、电解电容，并放在合适的位置。如图 3 - 7 所示。

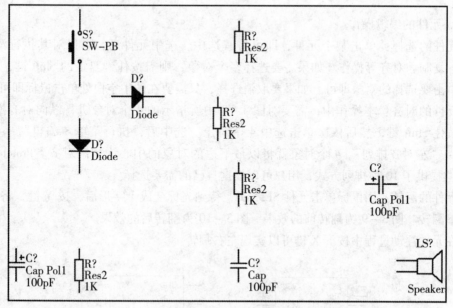

图 3 - 7　元器件放置

由于元件 SE555D 包含在元件库 TIAnalog Timer Circuit. IntLib 中，所以先在元件库列表中选择 TIAnalog Timer Circuit. IntLib 作为当前元件库。然后在其下的元件列表中找到 SE555D，双击后，将光标移动到图纸上，在合适的位置放置，然后单击右键退出。放置完毕，如图 3 - 8 所示。

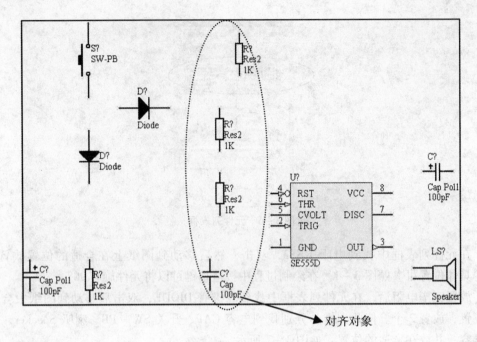

图 3 - 8　放置 SE555D

5. 元件的编辑操作

元件的选择：单击某个元件，即可将其选中。选中元件后，可以对其执行清除、剪切、复制、对齐等操作。如果需要选择多个对象，则需按住键盘上的 Shift 键，然后依次单击要选择的对象即可。如果要取消选择，只需要在图中空白处单击鼠标即可。

元件的对齐：本操作中，需要对图 3 - 8 中所指示的 4 个对象进行纵向对齐操作。则先按住 Shift 键，然后依次单击选中 4 个对象。选中后，执行菜单"编辑"→"排列"→"左对齐排列"，4 个对象就将以最下边的对象的中心为标准对齐。Protel DXP 2004 共提供了 10 种排列方式，用户可以根据自己的需要选择。

元件的翻转：用鼠标单击元件 SE555D，待到光标变成十字形后，按 Y 键，将该元件上下翻转。图 3 - 9 为翻转前的效果，图 3 - 10 为翻转后的效果。

在元件浮动过程中按下 X 键可以实现左右翻转。

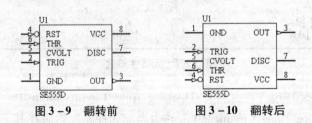

图 3 - 9　翻转前　　　　图 3 - 10　翻转后

元件的移动：如果需要移动对象，只需要在选择对象后，然后按住鼠标左键拖动即可。本例中，用户可以根据自己的需要适当地移动对象来调整布局。元件的移动也可以通过菜单"编辑"→"移动"后的各个子菜单命令来执行。用户可以通过具体操作来理解各项的含义。

元件的剪切：选中需要剪切的对象后，执行菜单"编辑"→"剪切"。该命令等于快捷键"Ctrl + X"。

元件的复制：选中需要复制的对象后，执行菜单"编辑"→"复制"。该命令等同于快捷键"Ctrl + C"。

元件的粘贴：该操作执行的前提是已经剪切或复制完器件。执行菜单"编辑"→"粘贴"，然后将光标移动到图纸上，此时，粘贴对象呈现浮动状态并且随光标一起移动，在图纸的合适位置单击左键，即可将对象粘贴到图纸中。该命令等同于快捷键"Ctrl + V"。

元件的阵列式粘贴：执行菜单"编辑"→"粘贴阵列…"，在弹出的对话框中设置需要粘贴的数量、序号的递增量、元件间水平和垂直的距离，然后单击"确定"，然后在图纸的合适位置单击确定基点，就可以按照指定的数量和参数粘贴若干个器件，如图3-11所示。

图3-11　阵列粘贴对话框

元件的清除：选中操作对象后，执行菜单"编辑"→"清除"，或者按下键盘上的"Delete"。

6. 元件属性的设置

二极管属性的设置：双击原理图中最左侧的二极管，打开"元件属性"对话框，如图 3 – 12 所示。

"标志符"后的文本框中可以输入元件在原理图中的序号。本例中输入"D1"。其后的"可视"复选框如果被选中表示其可见，如果没被选中，表示不可见；"锁定"复选框如果被选中，则表示将序号锁住不可修改。

"注释"后的文本框中用于输入对元件的注释，通常输入元件的名字。本例中输入 DIODE。其后的可视含义同上。

"库参考"后是系统给出的元件的型号。

"库"后列出的是元件所在的库名。

"描述"后列出的是元件的描述信息。

"唯一 ID"后是系统给出的元件的编号，无须修改。

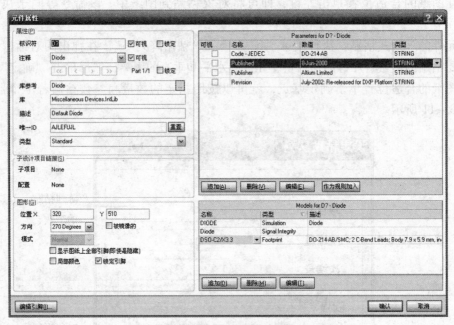

图 3 – 12　元件属性对话框

在"图形"选择区域中，位置 X 和位置 Y 用来精确定位元件在原理图中的位置，用户可以在后直接输入坐标；方向用于设置元件的翻转角度；镜像复选框用于设置得到元件的镜像。

依此类推，如图 3 – 13 所示，设置图中所有的元件属性。

7. 导线的连接

执行菜单"放置"→"导线"命令。将各器件连接起来。

8. 放置电源符号

执行菜单"放置"→"电源端口"，然后将鼠标移动到图纸中的合适位置放置好。在放置的过程中，可以按空格键旋转元件的方向。然后双击电源符号，打开"电源端口"属性对话框，将"风格"改为"Circle"，网络名称改为"+6V"。参照

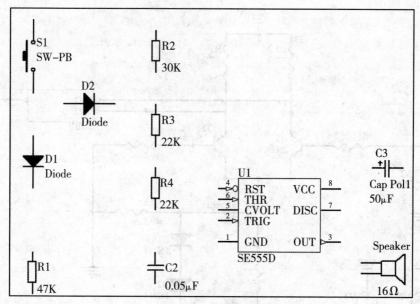

图 3 – 13　设置好属性的电路图

以上步骤，放置电源符号"-6V"。按照如上所讲述方法添加电源和接地符号，完成后的图如图 3 – 1 所示。整个电路图完成。

四、小结

绘制原理图的一般步骤是：
（1）新建设计项目和文件。
（2）设置图纸参数。
（3）安装所需要的元件库。
（4）查找和放置元件，并设置元件的属性。
（5）根据需要对元件进行适当的编辑操作（如移动或删除、翻转、对齐等）。
（6）导线的连接。
（7）放置电源符号。
（8）保存。

绘制原理图的步骤并不是固定的，在用户实际操作过程中，也可以根据需要调整先后顺序。

五、差动放大电路实训

新建一个项目设计文件和原理图设计文件，分别保存在 D 盘，名字分别为"差动放大电路 . PrjPcb"和"差动放大电路 . SchDoc"。图纸大小为：宽 1000，高 800，颜色为淡黄色，边框为蓝色，水平放置，栅格大小为 10，捕捉为 2.5，电气捕捉为 8，绘制如图 3 – 14 所示电路图。

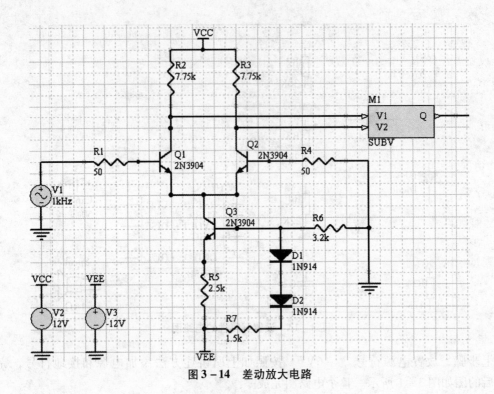

图 3 - 14　差动放大电路

第二节　模数转换电路的绘制

　　Protel DXP 2004 提供了用于绘制电路原理图的工具栏，即"配线"工具栏，如图 3 – 15 所示。

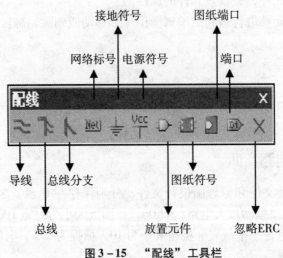

图 3 – 15　"配线"工具栏

该工具栏可以通过"查看"→"工具栏"→"配线"来打开或关闭。该工具栏的主要作用是用来放置导线、总线、总线分支、网络标号、接地符号、电源符号等。下面在具体任务中来介绍"配线"工具栏中各工具按钮的使用。

一、训练任务

如图 3–16 所示，是一个用来实现模拟信号/数字信号转换的电路，要求使用 Protel DXP 2004 绘制完成。

二、学习目标

（1）掌握导线的使用及导线属性的设置。
（2）掌握总线的使用及总线属性的设置。
（3）掌握总线分支的使用及其属性的设置。
（4）掌握网络标号的含义及其使用。
（5）掌握接地符号和电源符号的使用及属性的设置。
（6）理解和掌握放置元件按钮的作用。

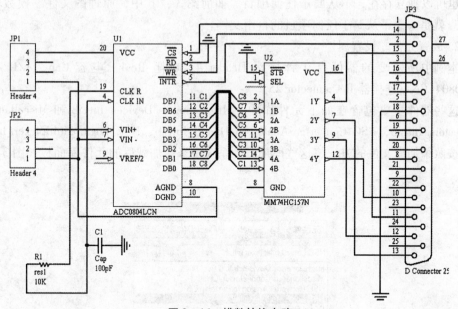

图 3–16 模数转换电路

三、操作步骤

1. 新建文件

新建一个原理图文件，并将新建的文件保存为"模数转换电路 . SchDoc"。如图 3–17 所示。

Free Documents表示其中的文件是
自由文档，不从属于任何项目

图 3 – 17　新建原理图文件

在前面的任务中提及过，在 Protel DXP 2004 中，一个设计项目中可以包含若干个类型相同或不相同的设计文件，设计项目的作用在于能够把存放在不同位置的文件以一定的形式组织起来。一个设计项目中如果没有包含设计文件，则该项目是空项目。

在设计使用过程中，设计项目不能单独使用。例如，如果需要复制某原理图，不能仅仅复制项目，而需要复制原理图文件。设计文件可以包含在某个设计项目中，并且其也可以独立存在，不从属于任何项目。如前图 3 – 16 中，原理图文件"模数转换电路"就是一个不从属于任何项目的自由文档。

2. 放置元件、设置属性

本例中所需要的器件有 4 针接头 Header 4、电阻 Res1、电容 Cap、A/D 芯片 ADC0804LCN、连接器 D Connector 25。

这些器件主要包含在如下元件库中：Miscellaneous Devices. IntLib 和 Miscellaneous Connectors. IntLib，NSC Converter Analog to Digital. IntLib、NSC Logic Multiplexer. IntLib 中。按照添加库文件的方法将这些库加载到系统中来。加载后的元件库面板如图 3 – 18 所示。

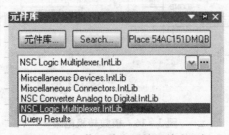

图 3 – 18　加载元件库后的元件库面板

如果已经将元件所在的库加载进来，此时查找放置元件可以通过"配线"工具栏上的"放置元件"按钮 ▷ 执行。单击该按钮后，将弹出如图 3 – 19 所示的对话框。

在"放置元件"对话框的"库参考"选项后输入所要放置的元件的名称 Header 4，在"标志符"后输入元件的序号 JP1，在"注释"后输入元件所显示的注释"Header 4"，在"封装"后选择该元件所对应的封装。

　　一般情况下，当用户在"库参考"后输入元件的名称后，系统会提供和该元件相对应的编号、注释和封装。用户也可以根据需要做适当修改。单击"确认"按钮后，系统就会从加载进来的库中查找到元件 Header 4，如图 3-20 所示。

　　在图纸上合适的位置单击，即可将元件放置。继续单击可以连续放置，同时会发现元件的序号递增。如第 1 次设置的元件序号为 JP1，第 2 次放置元件编号为 JP2，依此类推。"放置元件"按钮的功能等同于菜单"放置"→"元件"。

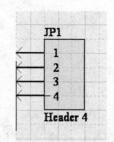

图 3-19　放置元件对话框　　　　　　图 3-20　放置 Header 4

　　在放置元件的过程中，可以根据需要按 X 键实现左右翻转，按 Y 键实现上下翻转。按照以上方法查找放置好所有器件，调整布局并设置属性，如图 3-21 所示。

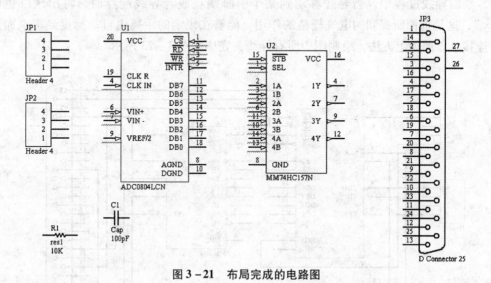

图 3-21　布局完成的电路图

3. 绘制导线

导线的作用就是在原理图中各器件之间建立连接关系。

例如在图 3-22 中，如果需要将 JP1 的引脚 1 和 U1 的引脚 8 连接起来，则可以按照以下步骤操作：

单击导线按钮，将鼠标移动到图纸中 JP1 的 1 引脚处单击左键确定起点移动鼠标到位置 1 处，单击确定拐点，然后移动鼠标到 2 处单击再次确定拐点，在 3 处单击确定拐点，在 4 处单击确定拐点，在引脚 8 处单击确定终点。单击右键或按 ESC 键退出绘制导线状态。

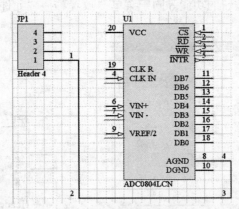

图 3 - 22　导线连接示意

在绘制导线的过程中，如果按下 Tab 键，则将弹出"导线属性"对话框，用户可以在对话框中设置导线的颜色和宽度。放置导线命令也可通过菜单"放置"→"导线"进行。

绘制导线过程中，当导线移动到某个引脚端点或者导线端点时，将出现红色的"×"，这是前面所提到的电气栅格的作用，能够在规定的距离内自动捕捉到端点而进行连接。参照如上方法，绘制图中所有导线，完毕如图 3 - 23 所示。

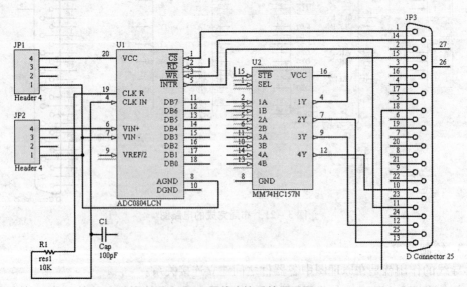

图 3 - 23　导线连接后的原理图

4. 绘制总线和总线分支

总线是一组功能相同的导线的集合，用一条粗线来表示几条并行的导线，从而能够简化电路原理图。导线与总线的连接是通过总线分支来实现的。总线、总线分支和导线的关系如图 3 – 24 所示。导线 A0 ~ A12 通过 12 条总线分支汇合成一根总线。

（1）总线的绘制

总线的使用方法和导线类似。单击工具栏上的工具按钮 ↖，进入放置总线状态，将光标移动到图纸上需要绘制总线的起始位置，单击鼠标左键确定总线的起始点，将鼠标移动到另一个位置，单击鼠标左键，确定总线的下一点。当总线画完后，单击鼠标右键或者按下 ESC 键即可退出放置总线状态。

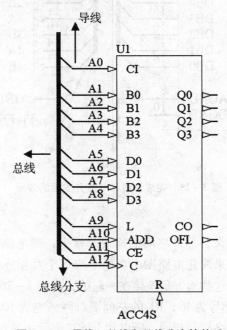

图 3 – 24　导线、总线和总线分支的关系

绘制总线也可以通过菜单"放置"→"总线"进行。在画线状态时，按 Tab 键，即会弹出"总线属性"对话框，在该对话框中可以修改总线的宽度和颜色。

（2）总线分支的绘制

总线分支是 45°或 135°倾斜的短线段，长度是固定的。在绘制过程中可以按空格键在 45°和 135°之间进行切换。

单击工具栏上的按钮 ↖，进入放置总线分支的状态，将鼠标移动到总线和导线之间，单击鼠标左键就可以放置了。

绘制总线分支也可以通过菜单"放置"→"总线分支"来执行。在画线状态，按 Tab 键，即会弹出"总线分支"对话框，可以在该对话框中设置总线分支的颜色、位置和宽度。

按照以上绘制方法完成图 3 – 23 中元件 U1 和 U2 之间总线和总线分支的绘制。完成后效果如图 3 – 25 所示。

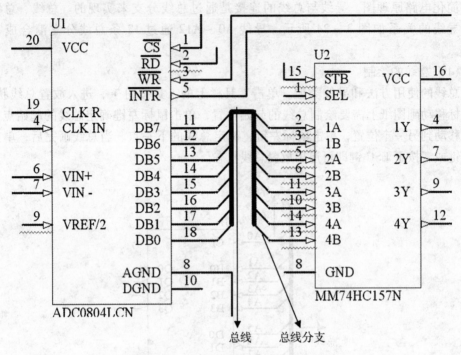

图 3 – 25　完成总线和总线分支后的效果

5. 网络标号的使用

如果一个电路图很复杂，器件之间的连线非常多，则电路会显得凌乱，在这种情况下，可以通过网络标号来简化电路图，在两个或多个互相连接的出入口处放置相同名字的网络标号即可表示这些地方是连接在一起的，如图 3 – 26 所示。

D1 的端口 2 的网络标号为 IO，R1 的左侧端口网络也为 IO，虽然两个端口并没有导线相连接，但是因为网络标号相同，所以两个端口实际上是相连接的。

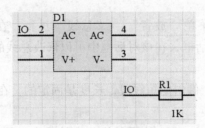

图 3 – 26　网络标号的作用

放置网络标号可以通过配线工具栏上的按钮 Net 进行，单击该按钮后，将进入放置网络标号状态，光标处将出现一个虚框，将虚框移动到需要放置网络标号的位置，单击左键可以放下网络标号，将光标移到其他位置可以继续放置，单击右键或者按 ESC

键可以退出放置状态。

在网络标号的放置过程中，如果按下 Tab 键，将弹出网络标号属性对话框，可以在其中改变网络标号的内容和字体格式。设置网络标号内容后，如果最后是数字，则在继续放置的过程中将自动递增，比如开始设置网络标号为 "A0"，在第 2 个网络标号自动为 "A1"，第 3 个自动为 "A2"，以此类推。

参照图 3 – 16 可知，本例中共有 C1、C2、C3、…、C8 等网络标号。按照上述步骤在图中添加网络标号，如图 3 – 27 所示。

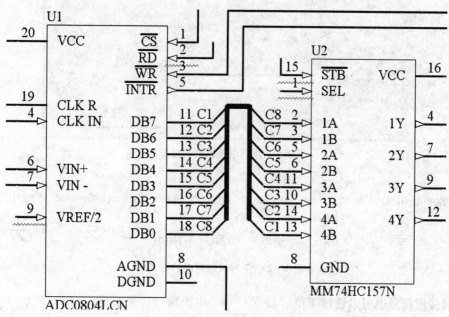

图 3 – 27　放置完网络标号的效果

6. 放置接地符号和电源符号

"配线" 工具栏中的工具 ✶ 是用来绘制接地符号的，ᴜ 工具是用来绘制电源符号的。单击工具栏上的电源或接地工具按钮后，光标将变成十字形，将光标移动到图纸中合适的位置单击鼠标左键即可放下电源或接地符号。

放下后，双击电源或接地符号即可打开电源或接地符号的属性对话框，在对话框中进行属性的设置。在放置电源或接地符号的过程中，按下 Tab 键，也可以打开对象的属性对话框。属性对话框如图 3 – 28 所示。

在对话框中的左侧 "颜色" 按钮处单击，在弹出的对话框中选择合适的颜色，设置电源或接地符号的颜色。在对话框的下侧 "属性" 处文本框内可以输入电源或接地符号的网络名称。

在对话框的右上侧 "风格" 后单击，可以在弹出的列表项所提供的 7 个选项中选择一个。7 种风格所对应的样式如图 3 – 29 所示。

在 "电源端口" 对话框的右下侧 "位置" 处可以再改变 x 和 y 的坐标位置。放置

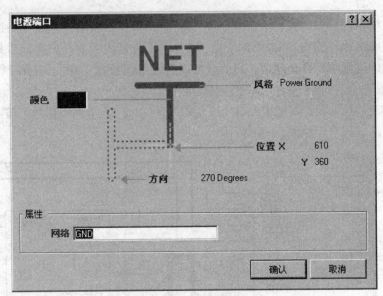

图 3-28　电源属性对话框

图 3-29　7 种风格对应的样式

电源和接地符号也可以通过菜单"放置"→"电源端口"来实现。

按照如上所讲述方法添加电源和接地符号,整个电路图完成。

四、小结

"配线"工具栏是 Protel DXP 绘图过程中使用非常多的工具栏,工具栏上的各项命令和菜单"放置"中的各项命令是相对应的。如放置网络标号,既可以通过"配线"工具栏上的按钮执行,也可以通过菜单"放置"→"网络标签"执行。

在执行工具按钮的过程中,当鼠标处于悬浮状态时,按下 Tab 键,可以打开该工具按钮所对应的属性设置对话框,可以在其中对对象进行属性设置。

五、存储器电路实训

在 D:\ 下新建一个名为"存储器电路. SchDoc"的原理图电路,并在其中绘制如图 3-30 所示的存储器电路图。

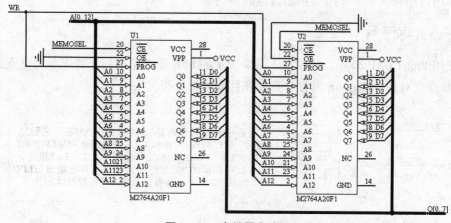

图 3 - 30 存储器电路图

第三节 LED 驱动电路图的设计

为了使绘图更加方便和快捷,Protel DXP 2004 提供了一个实用工具栏,其中包含了对原理图进行修饰的实用工具组、对元件布局进行调整的调整工具组、用来放置各种类型接地和电源符号的电源工具组、提供了各种常用电子器件的数字式设备工具组、提供了各种仿真电源符号的仿真电源工作组以及用于设置网格的网格工具组。

实用工具栏可以通过菜单"查看"→"工具栏"→"实用工具"打开,该工具栏共包含 6 组工具。如图 3 - 31 所示。

单击每种工具组旁边的向下箭头,可打开该工具组所对应的所有工具。比如打开"实用工具组",如图 3 - 32 所示。

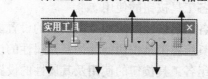

图 3 - 31 实用工具组中的各工具

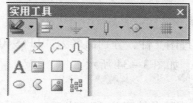

图 3 - 32 实用工具组

本项目结合实例来介绍实用工具栏的使用。

一、训练任务

使用 Protel DXP 2004 设计如图 3 – 33 所示的 LED 驱动电路图，要求布局整齐美观，L1…L8 垂直对齐，R1…R8 垂直对齐，并且都等距分布。

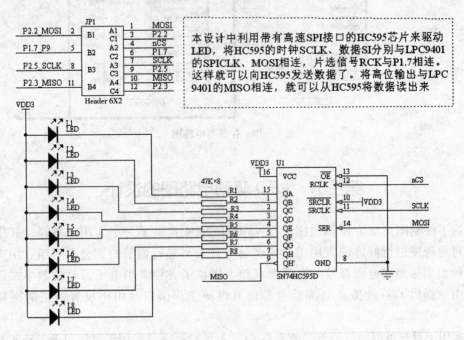

图 3 – 33　LED 驱动电路

二、学习目标

（1）掌握实用工具组中各工具按钮的使用及其属性的设置。

（2）掌握调准工具组中各工具按钮的使用。

（3）掌握电源工具组中各工具按钮的使用及其属性的设置。

（4）掌握数字式设备工具组各工具按钮的使用及其属性的设置。

（5）掌握仿真电源工具组各工具按钮的使用及其属性的设置。

（6）掌握网格工具组中各工具按钮的使用。

三、操作步骤

1. 新建设计项目和文件

新建设计项目和电路原理图文件，分别命名为"LPC9401 实验电路图 . PrjPCB"和"LED 驱动电路图 . SchDoc"。如图 3 –34 所示。

2. 放置元件、设置属性

放置 Header 6X2：该元件所在的库为 Miscellaneous Connectors. IntLib，查看"元件

图 3 – 34　项目和文件

库"面板，如果该库没有加载进来，则按照前面所讲述的方法将该元件库加载进来。

单击"配线"工具栏上的 ▇▇ "放置元件"按钮，在弹出的"放置元件"对话框中，在"库参考"后输入元件名"Header 6X2"，系统将在加载进来的库中查找到该元件，单击确定按钮后，在图纸的合适位置单击放置器件，并将器件的编号设置为JP1。如图 3 – 35 所示。

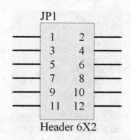

图 3 – 35　放置 Heared 6X2

查找放置器件 SN74HC595D：单击元件库面板上的"查找…"，在弹出的"元件库查找"对话框中，在上方的文本框中输入要查找的器件名称 SN74HC595D，然后单击确定按钮。等待几秒钟后，系统会将所有查找到的器件显示在"元件库"面板中，如图 3 – 36 所示。

图 3 – 36　查找到的元件

双击查找到的元件名"SN74HC595D"，按 X 键将该元件左右翻转，然后将鼠标移动到图纸的合适位置单击确定该元件在图纸中的位置，修改元件的编号为 U1。该元件所在的库为 TI Logic Register. IntLib，也可先安装元件库，然后使用该元件。

查找放置元件发光二极管 LED：该器件所在的库为 Miscellaneous Devices. IntLib。在"元件库"面板中找到该元件库，在其所对应的元件中找到元件 LED1，在图纸中按照图 3-37 所示放置 8 个。

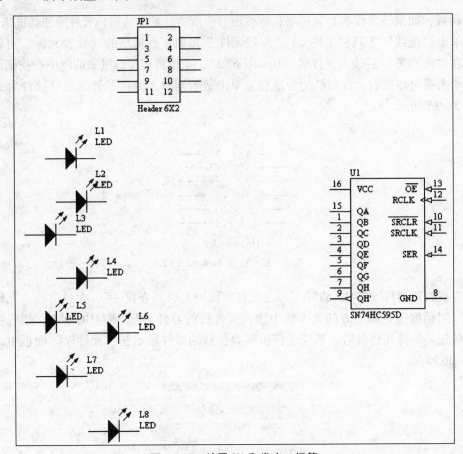

图 3-37　放置 U1 和发光二极管

放置电阻：在绘制电路的过程中，电阻、电容、非门或门等元器件的使用频率是非常频繁。在"实用工具"栏中，这些经常使用到的元件以工具组的形式显示在绘图窗口中，从而方便用户快速地绘图。

该工具组如图 3-38 所示。共包含 1K 电阻、4.7K 电阻、10K 电阻、100K 电阻、0.01μF 电容、0.1μF 电容等 20 个常见的元器件工具。当鼠标停留在某个工具按钮上时，会出现该工具按钮的属性提示。

当用户需要使用某个元件时，只需要在该元件所对应的按钮上单击选中，然后将鼠标移动到图纸中的合适位置，即可放置该工具所对应的元件。

本项目中，所需要使用的电阻为 47K，用鼠标单击选中 47K 电阻工具按钮，将鼠标移动到图纸上，按下 Tab 键，设置其序号为 R1，将注释和 Value 的值设置为不可视。然后参照图 3-39 放置 8 个电阻。

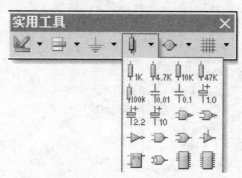

图 3-38 数字式设备工具组

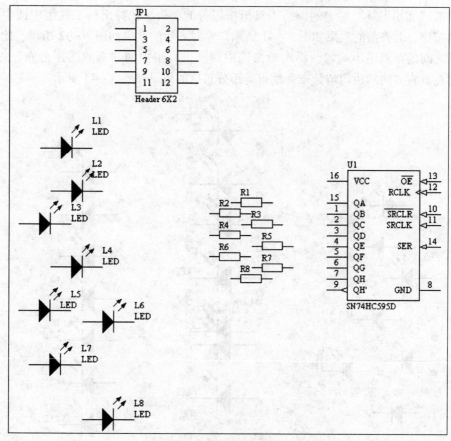

图 3-39 放置电阻

3. 元件的布局

和 3-33 中的电路相比较，图 3-39 中元件的布局还不完善，比较凌乱，下面讲述如何使用工具按钮对元件进行排列布局。

（1）发光二极管的对齐操作：单击选中发光二极管 L1，按住 Shift 键，依次单击 L2、L3、…、L8，将 8 个二极管全部选中，如图 3-40 所示。

图 3 – 40　调准工具组

　　单击"实用工具"栏上的调整工具组按钮旁的箭头，在弹出的工具组中选中左对齐工具按钮，对齐前的效果如图 3 – 41 所示。左对齐后的效果如图 3 – 42 所示。此时元件垂直之间的距离还不均匀。再次单击选中调准工具组中的"垂直等距分布"按钮，元件将在垂直方向间距均匀分布。垂直等距分布后的效果如图 3 – 43 所示。

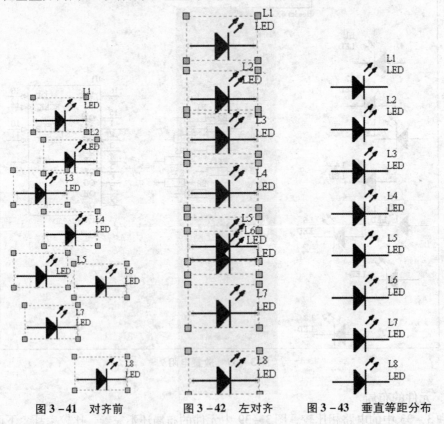

图 3 – 41　对齐前　　　　图 3 – 42　左对齐　　　　图 3 – 43　垂直等距分布

　　（2）电阻的对齐操作：按照以上方法将 8 个电阻对齐并垂直等距排列，并适当调整元件编号的位置，如图 3 – 44 所示。

　　需要提醒的是，只有在已经将需要调准的对象选择好后，调准工具组中各工具按

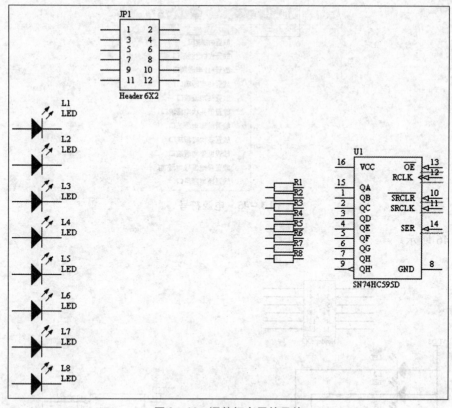

图 3 – 44 调整好布局的元件

钮才有效。否则调准工具组中各工具呈现不可用状态。

左对齐工具：将选中的对象以最左边的对象为目标，所有器件左对齐。

右对齐工具：将选中的对象以最右边的对象为目标，所有器件右对齐。

水平中心排列：将选中的对象以水平中心的对象为目标进行垂直对齐排列。

水平等距分布：将选中的对象沿水平方向等距离均匀分布。

顶部对齐工具：将选中的对象以最上边的对象为目标顶部对齐。

底部对齐工具：将选中的对象以最下边的对象为目标底部对齐。

垂直中心排列：将选中的对象以垂直中心的对象为目标进行水平对齐排列。

垂直等距分布：将选中的对象沿垂直方向等距离均匀分布。

排列对象到当前网格：表示将选中的对象都排列到网格上，前提条件是网格已打开。

4. 连接导线

按照所学导线的使用方法，参照前图 3 – 33，连接图中各元件。

5. 放置电源符号

"实用工具"栏中的"电源"工具组提供了 11 种常用的电源符号供用户使用。如图 3 – 45。用户可以根据自己的需要选择其中的电源符号使用。各按钮的功能和"配线"工具栏中的"电源"工具按钮等价。

参照图 3 – 33，在前一步骤已经绘制好的原理图中添加电源符号。绘制完的效果如

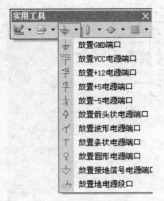

图 3 - 45　电源符号

图 3 - 46 所示。

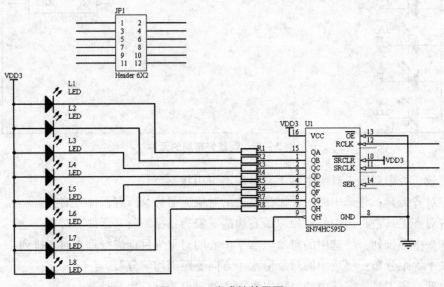

图 3 - 46　完成的效果图

6. 添加文字注释

参照图 3 - 43，在图中添加如下文字注释："LED 驱动电路"、"47K×8"、"本设计中利用带有高速 SPI 接口的 HC595 芯片来驱动 LED，将 HC595 的时钟 SCLK、数据 SI 分别与 LPC9401 的 SPICLK、MOSI 相连，片选信号 RCK 与 P1.7 相连。这样就可以向 HC595 发送数据了。将高位输出与 LPC9401 的 MISO 相连，就可以从 HC595 将数据读出来"。添加注释后的效果如图 3 - 47 所示。

7. 添加虚线框

绘制长方形：单击选中"实用工具"组中的"放置直线"工具。在图示 3 - 48 中的 1 处单击确定起点，分别在 1、2、3、4 处单击确定虚线框的拐点，最后在 1 处单击确定终点。

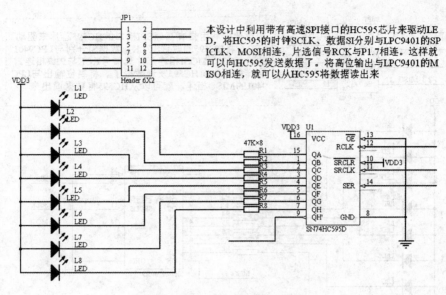

图 3 - 47　添加注释后的效果

直线属性设置：单击绘制好的直线，在弹出的对话框中将"线风格"设置为"Dotted"，即是将导线设置为虚线形式。

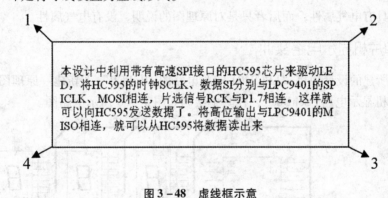

图 3 - 48　虚线框示意

8. 添加网络标号

根据前面所学习的方法在绘制好的原理图中添加网络标号。绘制好的图如图 3 - 49 所示。

四、小结

"实用工具"栏提供的 6 个工具组为用户提供了极大的方便。在使用过程中用户需要注意以下区别：

（1）"配线"工具栏中"导线"按钮和"实用工具"组中"直线"按钮的区别是，前者具有电气属性，而后者没有电气属性。

（2）"配线"工具栏中"网络标号"和"实用工具"组中"文本字符串"的区别

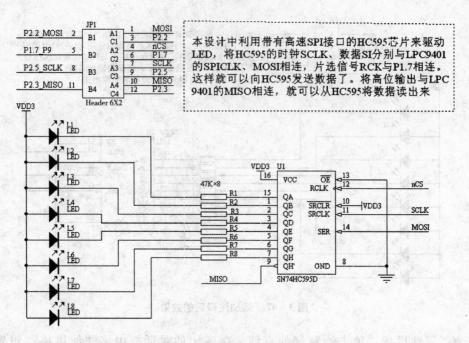

图 3-49　绘制完毕的原理图

同上，前者具有电气属性，而后者只是对原理图的说明，没有电气属性。

五、单片机显示电路实训

在前面所建的设计项目"LPC9401 实验电路图 . PrjPCB"下新建一原理图文件，保存为"单片机显示电路 . SchDoc"，在其中绘制如图 3-50 所示电路图。

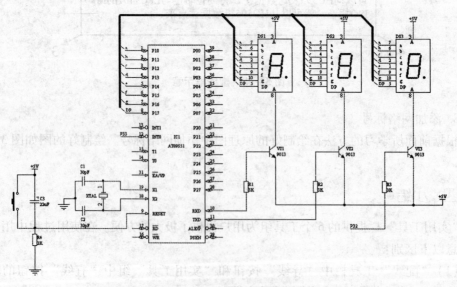

图 3-50　单片机显示电路

第四章　绘制原理图元件

第一节　74LS 系列元件的设计

　　Protel DXP 2004 为用户提供了非常丰富的元器件库，其中，包含了世界著名的大公司生产的各种常用的元器件六万多种。但是电子技术日新月异，每天都会诞生新的元器件，所以用户在绘制原理图的过程中，会经常遇到器件查找不到的情况或是库中的器件和需要的元件外观不一样。

　　当需要使用系统没有提供的元器件时，用户就需要自己进行绘制。Protel DXP 2004 提供了强大的元件编辑功能，用户可以根据自己的要求完全独立创建绘制一个新的元器件或元件库，也可以在系统提供的元件或元件库上进行修改。下面通过实例介绍如何创建元件库，以及如何在库中创建元件。

一、训练任务

　　创建一个元件库文件"74XX. schlib"，按照如下要求在其中创建元件。

　　创建一个 3 - 8 译码器元件 74LS138，该元件共包含 16 个引脚，各引脚 I/O 属性如下：

　　1 、2 、3 、4、5 、6 引脚是 input 引脚；

　　7 、9 、10、11 、12 、13 、14 、15 是 output 引脚；

　　8 和 16 是 power 引脚，属性为隐藏，如图 4 - 1 所示。

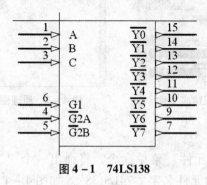

图 4 - 1　74LS138

二、学习目标

　　（1）熟悉原理图库文件编辑器的环境。

（2）掌握创建库文件和元件的方法。

（3）掌握创建各种原理图符号的方法。

三、操作步骤

1. 新建库文件

执行"文件"→"创建"→"库"→"原理图库"菜单命令，创建一个原理图库文件。保存为"74XX. schlib"。如图 4 - 2 所示。

双击库文件名"74XX. schlib"，打开库文件。此时窗口的右边就是库文件的编辑界面。工作窗口上浮动着一个名为"SCH Library"的工作面板，该面板的主要是对原理图元件库中的元件进行管理。如图 4 - 3 所示。

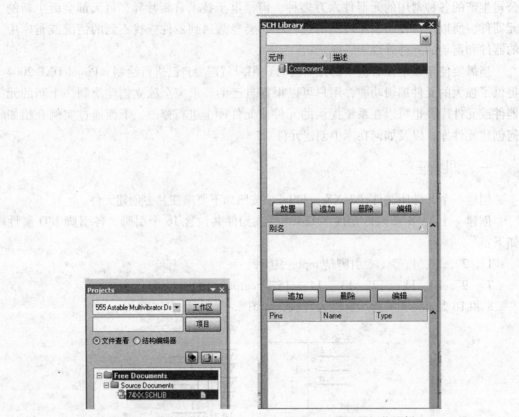

图 4 - 2　新建库文件　　　　图 4 - 3　原理图工作面板

2. 创建元件

执行"工具"→"新元件"菜单命令，将弹出一个"New Component Name 对话框"，在其中输入要创建的元件名字"74LS138"。如图 4 - 4 所示。该命令的执行也可以通过单击"SCH Library"工作面板上的"追加"按钮执行。

3. 矩形框的绘制

下面在图纸上绘制 74LS138 的矩形框。

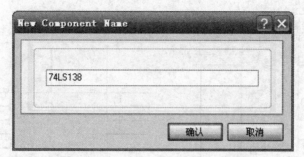

图 4 - 4　New Component Name 对话框

单击实用工具栏上的"绘制矩形"按钮，如图 4 - 5。移动鼠标到图纸的参考点上，在第四象限的原点处单击鼠标确定矩形的左上角点。然后拖动光标画出一个矩形，再次单击确定矩形的右下角点，如图 4 - 6 所示。

图 4 - 5　"放置矩形"按钮

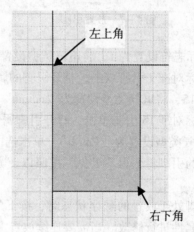

图 4 - 6　矩形框

双击矩形框，可以打开它的属性对话框，可以在其中修改矩形框的"边缘色"和"边框宽"，还可以改变矩形框的"填充色"，是否"透明"。矩形框的大小可以通过左下角点和右上角点的坐标来精确修改。

4. 引脚的放置

单击使用工具栏上的"放置引脚"工具按钮。如图 4 - 7 所示。

此时光标会变成十字形，并且伴随着一个引脚的浮动虚影，移动光标到目标位置，单击就可以将该引脚放置到图纸上。需要注意的是，在放置引脚时，有米字形电气捕捉标志的一端应该是朝外的。在放置过程中可以按空格键旋转引脚。按照图 4 - 8 放置好 74LS138 的所有 16 个引脚。

5. 引脚属性的修改

下面我们以图 4 - 8 中的 1 引脚、7 引脚、15 引脚为例，介绍引脚属性的设置。

将鼠标对准 1 引脚双击，可以打开该引脚所对应的"引脚属性"对话框。将名称

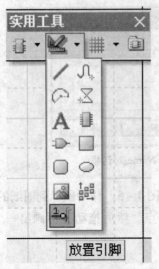

图 4 - 7　放置引脚

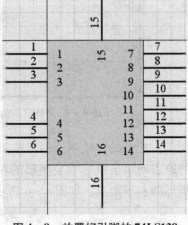

图 4 - 8　放置好引脚的 74LS138

改为 A，标志符设置为 1，将电气类型设置为 "input"。然后单击确定即可。

将鼠标对准 7 引脚双击，打开引脚的属性对话框，将名称改为 "Y \ 0 \"，将标志符设置为 15，将电气类型设置为 "output"。然后单击确定即可。

将鼠标对准 15 引脚单击，打开引脚属性对话框，将名称设置为 VCC，标志符设置为 16，电气类型设置为 "Power"。单击选中 "隐藏" 后的复选框，将该引脚设置为隐藏，隐藏的引脚将变得不可见。按照以上方法，将所有引脚属性设置完毕，如图 4 - 9 所示。

当引脚处于放置的悬浮状态时，按下 Tab 键，将打开它的属性对话框，可以在其中对它的属性进行修改。当需要连续放置多个编号连续的引脚时，这种方法比较快捷。因为它的编号会自动增 1，而其他属性不变。

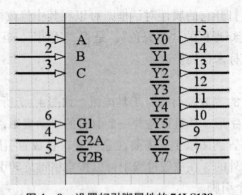

图 4 - 9　设置好引脚属性的 74LS138

6. 74LS138 元件属性的设置

单击 "SCH Library" 工作面板上的 "编辑" 按钮，将打开元件属性设置对话框。

在该对话框中,将"Default"(元件的默认编号)设置为"U?",将"注释"设置为"74LS138";对话框下方的"库参考"、"描述"、"类型"、"模式"等设置可以采用默认形式,参照图4-10。然后单击"确认"就可以了。

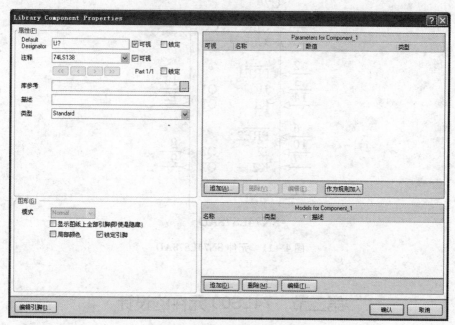

图4-10 元件属性设置对话框

在设计一个元件的过程中,要特别注意每个引脚的属性。尤其是电气特性等属性一定要和元件的具体情况相符合,否则在其后的 ERC 检查或仿真过程中,可能会产生各种各样的错误。

四、小结

通过本例可以得知,设计一个新元件的主要步骤如下:

(1)新建原理图库文件并保存。

(2)新建库元件。提示:一个库文件中可以包含多个库元件。也可以在已经存在的库中新建元件。

(3)在第四象限的原点附近绘制元件外形。提示:如果不在第四象限原点处绘制元件,在使用元件的时候,将出现参考点离元件很远的情况。

(4)放置元件引脚并设置引脚属性。

(5)设置元件属性(名称、编号、封装等)。

(6)保存元件。

五、SN74LS78AD 设计实训

新建一个元件库,库名为"我的库.Schlib",在该库中创建元件 SN74LS78AD,该

元件共包含 14 个引脚,其中 1、2、3、5、6、7、10、11、14 为输入引脚,8、9、12、13 为输出引脚,4 和 11 为电源引脚,如图 4 – 11 所示。

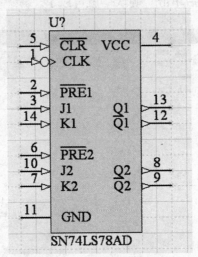

图 4 – 11　元件 SN74LS78AD

第二节　74LS00 元件的设计

一、训练任务

打开单项训练 7 中所创建的元件库 "74XX. schlib",在其中添加一个名为 74LS00 的器件,该器件包含 4 个子件,如图 4 – 12 所示。

1、2、4、5、9、10、12、13 引脚为输入;3、6、8、11 引脚是输出,另外有一个电源引脚 VCC,编号为 14;一个接地引脚 GND,编号为 7。

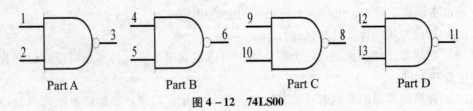

图 4 – 12　74LS00

二、学习目标

(1) 进一步熟悉原理图库文件编辑器的环境。

(2) 掌握打开元件库文件并向其中添加元件。

(3) 掌握创建包含多个子件的元件的方法。

(4) 掌握如何设置元件的封装。

三、操作步骤

1. 打开库文件"74XX. SCHLIB"

打开单项训练 7 中所建立的库文件"74XX. SCHLIB"。

2. 新建元件"74LS00"

执行"工具"→"新元件",在弹出的"New Component Name"对话框中输入新建元件的名字"74LS00",如图 4－13 所示。

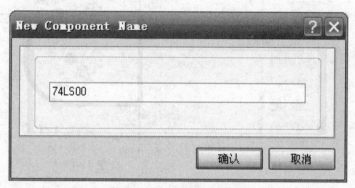

图 4－13 新建元件对话框

3. Part A 的绘制

Part A 由三根直线和一个圆弧所构成,绘制过程如下:

绘制直线:单击实用工具栏上的放置直线按钮,如图 4－14 所示。移动光标到图纸中,1 次单击确定直线的起点;然后拖动鼠标到合适的位置,2 次单击确定直线的拐点,再次移动鼠标在第 3 处单击确定拐点,依此类推,完成如图 4－15 图形的绘制。

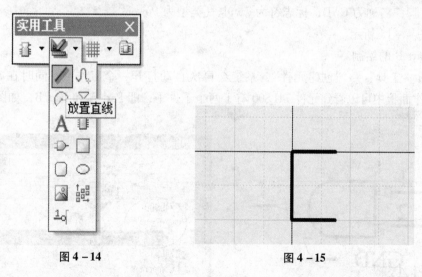

图 4－14   图 4－15

绘制圆弧:单击工具栏上放置椭圆弧按钮,如图 4－16 所示。然后移动鼠标到如图 4－17 所示的 1 点单击确定圆心,然后将鼠标移动到 2 点单击确定圆弧的长轴半径

（2 次单击点距离圆心距离），移动到 3 处单击确定短轴半径（3 次单击点距离圆心的距离，长轴半径和短轴半径是一样的），移动到 3 处单击确定圆弧的起点，2 处单击确定圆弧的终点。右击退出。

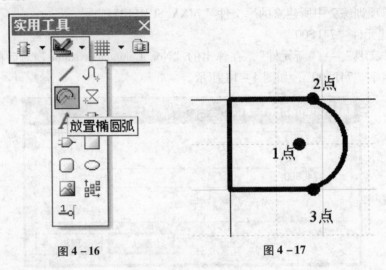

图 4 – 16   图 4 – 17

放置引脚：参照图 4 – 12，放置三个引脚。

引脚 1，设置为不可视，标志符设置为 1，电气类型为 input；

引脚 2，设置为不可视，标志符设置为 2，电气类型为 input；

引脚 3，设置为不可视，标志符设置为 3，电气类型为 output；外部边缘设置为 dot。

因为元件还有电源引脚，所以还需要放置两个电源引脚：

14 引脚：名称为 VCC，标志符为 14，电气类型为 Power；

7 引脚：名称为 GND，标志符为 7，电气类型为 Power。

如图 4 – 18 所示。

4. Part B 的绘制

执行"工具"→"创建元件"，系统会再次自动打开一个工作区，同时在 SCH Library 工作面板中可以看到元件 74LS00 有了两个子件了，即 Part A 和 Part B，如图 4 – 19 所示。

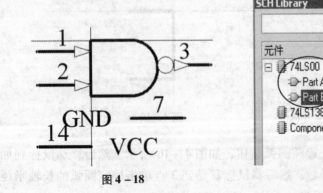

图 4 – 18

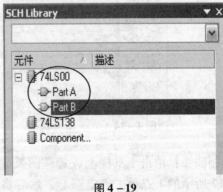

图 4 – 19

Part B 和 Part A 的区别仅仅是元件引脚的不同，所以只需要将 Part A 选中后复制，在 Part B 中粘贴，然后改变元件引脚编号即可。如下：

切换到 Part A：单击 SCH Library 面板中的 Part A，就可以切换到 Part A 中了。选中 Part A 全部，然后执行"编辑"→"复制"。

切换到 Part B：单击 SCH Library 面板中的 Part B，执行"编辑"→"粘贴"，就将 Part A 选中粘贴过来了。

将 Part B 中各引脚的标志符按照图 4-20 进行修改。

5. PartC、Part D 的绘制

按照上述方法，完成 Part C、Part D 的绘制，如图 4-21 和图 4-22 所示。

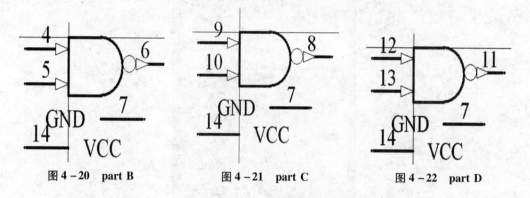

图 4-20　part B　　　　图 4-21　part C　　　　图 4-22　part D

6. 隐藏引脚的设置

在元件 74LS00 中，电源引脚 7 和 14 是隐藏的，所以下面将四个子件中的电源引脚 7 和 14 设置为隐藏。

切换到 Part A，双击引脚 7，打开属性对话框，选择"隐藏"后的复选框。然后双击引脚 14，打开属性对话框，选择"隐藏"后的复选框。就可以将两个引脚隐藏了。

分别切换到 Part B、Part C、Part D，采用同样的方法，将引脚 7 和 14 隐藏。

7. 74LS00 元件属性的设置

双击"SCH Library"面板上的"编辑"按钮，如图 4-23 所示。打开元件属性设置对话框，将元件的"Default"设置为"U?"，将"注释"设置为 74LS00。如图 4-24 所示。

单击右下角的"追加"按钮，打开如图 4-25 所示的对话框。

选择 FootPrint，然后单击确认，弹出如图 4-26 所示的对话框。将名称设置为 DIP14，表示将元件的封装设置为 DIP14 了。

至此，包含 4 个子件的 74LS00 就绘制完成了。

四、小结

本章所介绍的是绘制一个具有多个子件的元件。包含若干个子件的元件常见于 TTL 集成门电路中，如 74LS00 包含了 4 个与非门；74LS20 包含了 2 个与非门；74LS08 包

图 4 – 23   SCH Library

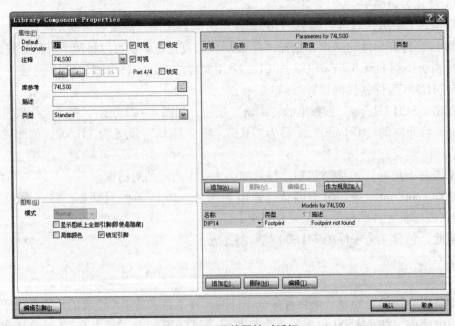

图 4 – 24   元件属性对话框

图 4 –25　追加对话框

图 4 –26　封装设置对话框

含了 4 个与门；74LS32 包含了 4 个或门；74LS04 包含了 6 个非门。通常第一部分称为
Part A，第二部分称为 Part B，依此类推。

　　在绘制元件的过程中，注意"工具"菜单中两个子菜单的区别，即"新元件"和
"创建元件"（有的汉化版翻译成"创建子件"），前者是创建一个新的元件，后者是创
建该元件中的一个子件。

五、74F74D 设计实训

　　打开单项训练中所创建的元件库 "74XX. schlib"，在其中添加一个名为 74F74D 的
器件，该器件包含 2 个子件，如图 4 –27 所示。

　　1（Part A 下方的引脚）、2、3、4、10、11、12、13（Part B 下方的引脚）引脚为
输入；5、6、8、9 引脚是输出，另外有一个电源引脚 14 为 VCC 和一个接地引脚 7 为
GND，7 和 14 是隐藏引脚。将元件的封装设置为 DIP14。

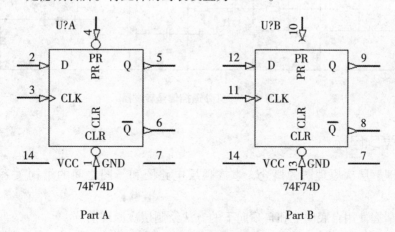

Part A　　　　　　　　　　　　　　　Part B

图 4 –27　元件 74F74D

第五章　层次原理图的绘制

在设计电路原理图的过程中，有时会遇到电路比较复杂的情况，用一张电路原理图来绘制显得比较困难，此时可以采用层次电路来简化电路图。

层次电路就是将一个较为复杂的电路原理图分成若干个模块，而且每个模块还可以再分成几个基本模块。各个基本模块可以由工作组成员分工完成，这样就能够大大地提高设计的效率。层次电路图可以采取自顶向下或自底向上的设计方法。

下面我们将通过设计项目来介绍自顶向下设计层次电路图的方法。

一、训练任务

如图 5-1 所示，是一张红外遥控信号转发器电路图，要求使用层次电路的设计方法来简化电路，将电路分为两个模块"电路图 1. SchDoc"和"电路图 2. SchDoc"，要求从图中虚线处分开。

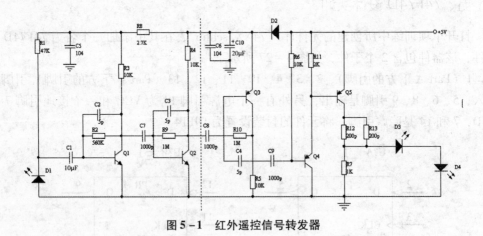

图 5-1　红外遥控信号转发器

二、学习目标

（1）理解层次原理图的概念，掌握顶层电路图和子图之间的结构关系以及切换关系。

（2）掌握使用自底向上和自顶向下的方法绘制层次原理图。

（3）掌握端口、图形端口、方块图在层次原理图中的使用。

第一节 自底而上的层次原理图设计

一、新建项目文件

新建一个设计项目和两个原理图文件。分别保存为"红外遥控信号转发器 . PrjPcb"和"电路图 1. SchDoc"、"电路图 2. SchDoc",如图 5 – 2 所示。

图 5 – 2　项目和文件

二、绘制模块电路图

在文件面板中,双击"电路图 1. SchDoc",打开其所对应的图纸,在其中绘制如图 5 – 3 所示的电路图,也就是"红外遥控信号转发器"电路图中虚线的左侧部分。

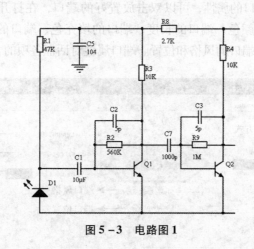

图 5 – 3　电路图 1

在文件面板中,双击"电路图 2. SchDoc",打开其所对应的图纸,在其中绘制如图 5 – 4 所示的电路图,也就是"红外遥控信号转发器"电路图中虚线的右侧部分。

三、添加端口

"电路图 1. SchDoc"和"电路图 2. SchDoc"是由一张完整的电路图分成两块的。那

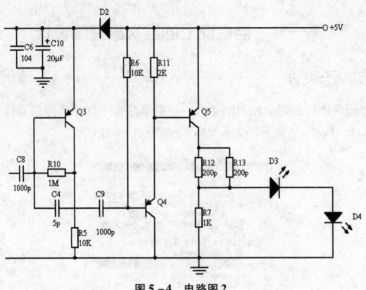

图 5 - 4　电路图 2

么这两张图纸之间有什么联系呢？通过比较图 5 - 1、图 5 - 3 及图 5 - 4 可以得知，"电路图 1. SchDoc"和"电路图 2. SchDoc"之间是通过三根导线相连接的。在层次电路图中，子电路图之间的联系可以通过端口来表示。

端口的使用方法：单击"配线"工具栏上的端口按钮 **D1**，然后将鼠标移动到图纸上的合适位置，单击确定端口的左起始位置，移动鼠标到右端点处，单击确定端口的右侧位置。如果需要修改端口的属性，可以双击放置好的端口，在打开的属性对话框中设置端口的对齐方式、文字颜色、端口的长度、端口的填充色、端口的边缘色、端口的名称以及端口的 I/O 属性、端口的风格和位置。端口属性对话框各项的含义如图 5 - 5 所示。

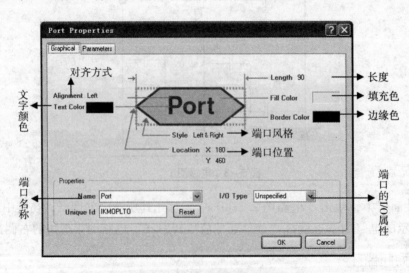

图 5 - 5　端口属性对话框

参照如上使用方法，在"电路图1. SchDoc"和"电路图2. SchDoc"中分别添加端口，如图5-6和5-7所示。

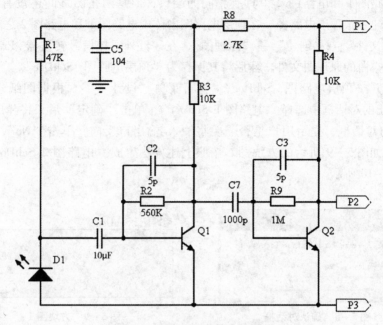

图5-6 添加端口的电路图1

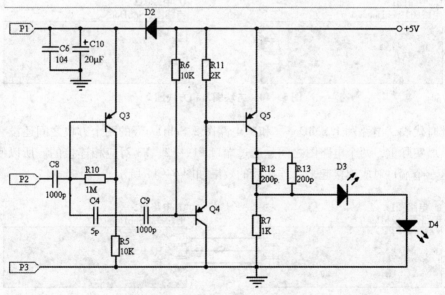

图5-7 添加端口的电路图2

电路图1中的三个端口P1、P2、P3的I/O属性都是输出（output），长度为30；电路图2中的三个端口P1、P2、P3的I/O属性都是输入（input），长度都为30。

四、生成顶层电路图

虽然电路图 1 和电路图 2 中具有相同的端口，但是两张图之间还没有建立联系。所以需要新建一张顶层电路图，在顶层电路图中体现电路图 1 和电路图 2 之间的关系。

执行"文件"→"创建"→"原理图"，在"红外遥控信号转发器.PrjPcb"项目中添加一个空白的原理图文件，然后将其保存为"顶层电路图.SchDoc"。

双击打开"顶层电路图.SchDoc"，执行菜单"设计"→"根据图纸建立图纸符号"，在弹出的对话框中选择"电路图 1.SchDoc"，单击"确定"后，将弹出一个如图 5-8 所示的对话框，提示用户是否需要将输入/输出口反向，单击"No"，表示不需要。将生成如图 5-9 所示的方块图。按照上述方法生成"电路图 2.SchDoc"的方块图，如图 5-10 所示。

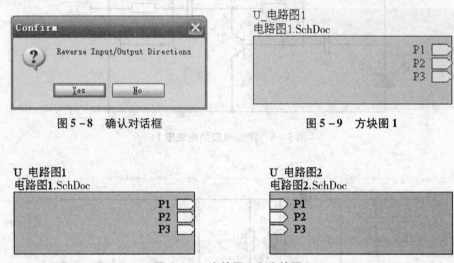

图 5-8　确认对话框　　　　　　　　　　图 5-9　方块图 1

图 5-10　方块图 1 和方块图 2

此时代表"电路图 1.SchDoc"和"电路图 2.SchDoc"的两个方块之间还没有连接关系，而实际上，两个电路图之间是通过端口 P1、P2、P3 对应相连接的。所以使用导线将这三个端口对应连接起来。连接后的效果如图 5-11 所示。

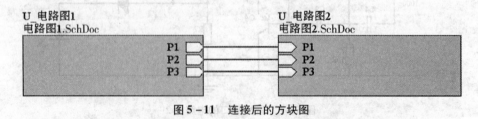

图 5-11　连接后的方块图

至此，由图 5-1 所分解而成的层次电路图已经绘制完毕，保存所有文件即可。下面我们可以切换来观察层次电路图之间的对应关系。

打开"顶层电路图.SchDoc"，单击主菜单栏中的层次原理图切换按钮，如图5－12所示。

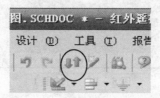

图5－12　层次原理图切换工具

鼠标将变成十字形，然后将鼠标移动到电路图1所对应的方块上，单击后，将打开该方块所对应的子原理图，即"电路图1.SchDoc"。如果要从子原理图"电路图1.SchDoc"切换回到顶层电路图，只需要在"电路图1.SchDoc"中的某一个端口上单击，即可回到顶层电路图。

第二节　自顶向下的层次原理图设计方法

上述方法是先画子电路图，然后由子电路图生成顶层电路图中的方块，称为自底向上。另外有一种方法，是先绘制好顶层的方块电路图，然后生成完成各方块所对应的子电路图，称为自顶向下设计层次原理图。

一、新建设计项目和文件

新建一个设计项目和原理图设计文件，分别保存为"红外遥控信号转发器.PrjPcb"和"顶层电路图.SchDoc"，如图5－13所示。

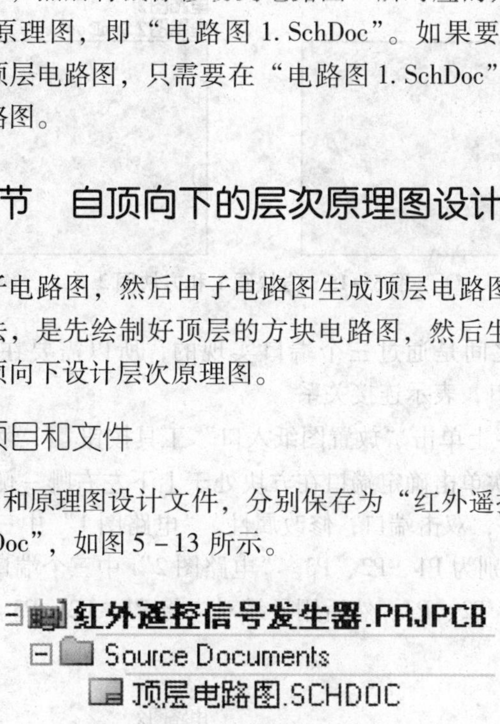

　　■　红外遥控信号发生器.PRJPCB
　　　　□　Source Documents
　　　　　　　顶层电路图.SCHDOC

图5－13　项目和文件

二、绘制顶层电路图

在"顶层电路图.schdoc"中绘制方块，因为需要把前图5－1分解为两个子电路图，这两个子电路图之间通过三个端口相连接。所以需要在顶层电路图中绘制方块，而且还要反映两个方块之间的连接关系。

在"配线"工具栏上单击"放置图纸符号"工具按钮 ■，将鼠标移动到图纸上合适的位置单击确定方块的左上角点，然后移动到右下角某处单击确定右下角点。方块即绘制完毕。双击方块图，在弹出的属性对话框中，将"标志符"设置为"电路图1"，将文件名设置为"电路图1.SchDoc"。标志符表示方块的名字，而文件名表示该方块所对应的子电路图的名字。设置完毕，方块"电路图1"如图5－14所示。

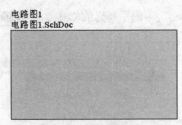

图 5 – 14　方块图 1

按照如上方法绘制电路图 2 所对应的方块，绘制完毕如图 5 – 15 所示。

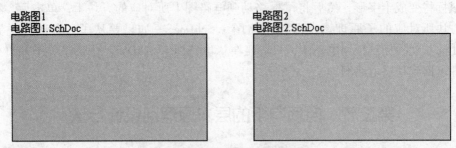

图 5 – 15　方块图 1 和方块图 2

　　由于两个电路图之间是通过三个端口实现的，所以需要在方块"电路图 1"和"电路图 2"上放置端口，表示连接关系。

　　在"配线"工具栏上单击"放置图纸入口"工具按钮，然后将鼠标移动到方块"电路图 1"中，第一次单击确定端口在方块处于上下左右哪一侧，第二次单击确定端口的具体位置。放置好，双击端口，修改属性。"电路图 1"中三个端口的属性都是输出端口 output，名称分别为 P1、P2、P3。"电路图 2"中三个端口的属性都是输入端口 input，名称分别为 P1、P2、P3。然后用导线对应将 P1、P2、P3 连接起来，如图 5 – 16 所示。

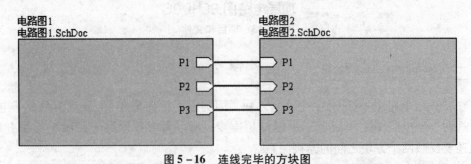

图 5 – 16　连线完毕的方块图

三、生成子电路图

执行菜单"设计"→"根据符号生成图纸"，光标将变成十字形，将鼠标移动到方块"电路图 1"上，单击，将弹出一对话框，单击"No"，随即将生成方块"电路图 1"所对应的子电路图纸，图纸上有三个端口，也就是根据方块"电路图 1"所自动产生的三个端口，名字和数量都是和方块中的端口是对应的，如图 5 – 17 所示。

在该电路图中绘制图 5 – 1 中虚线的左侧部分，需要注意的是，端口已经自动生成，绘制好元件后，只需要把端口移动到合适的位置即可，如图 5 – 18 所示。

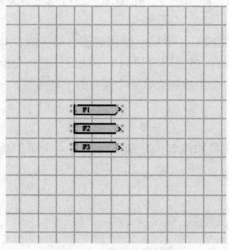

图 5 – 17　自动生成的端口

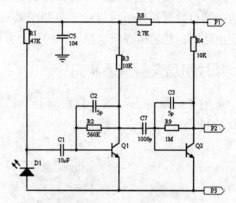

图 5 – 18　子电路图 1

按照上述方法，自动生成方块 2 所对应的"电路图 2. SchDoc"的图纸，然后在其中根据图 5 – 1 绘制右侧部分，如图 5 – 19 所示。绘制完毕后，可以通过层次原理图切换按钮来验证层次原理图之间的对应关系。

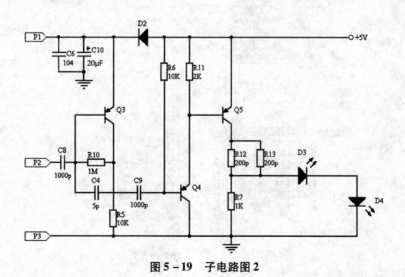

图 5 – 19　子电路图 2

小 结

层次电路图设计方法为绘制庞大的电路图提供了方便，可以根据要求将一个大的原理图分解为若干个部分，然后按照层次原理图的设计方法自顶向下，或是自底向上绘制完成。

子电路图之间的关系可以通过端口来实现，也可以通过网络标号来实现。层次电路图不但可以是两层结构，也可以是多层结构，即在一个子电路图中还可以包含方块，该方块也对应一个更小的电路图。

当采用自底向上方法设计时，各子电路图完成后，顶层电路图能够自动生成，其中包含的端口数量和其所对应的子电路图是对应的。当采用自顶向下方法设计时，先绘制顶层电路图，然后由顶层电路图中的每个方块自动生成包含若干个端口的子电路图。

单片机层次原理图实训

采用"自顶向下"或"自底向上"的方法将如图 5－20 所示分解为 4 个子原理图进行绘制。

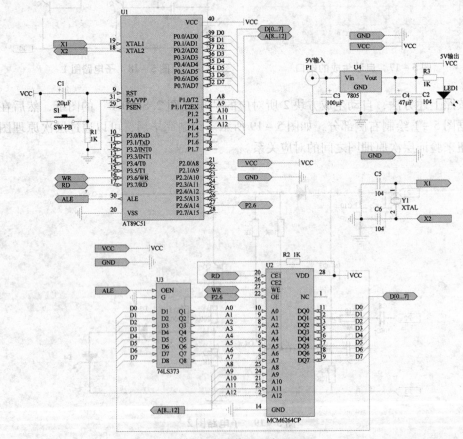

图 5－20　单片机层次原理图

第六章 原理图规则检查与报表编辑

　　电路原理图不是简单电路的拼凑连接，而是具有实际意义的电子元件之间按照一定规则来组织连接的。因此，设计者需要在原理图完成后对其进行检查，以便查出人为的错误。Protel DXP 2004 提供了原理图编译功能，能够根据用户的设置，对整个工程进行检查，又称为 ERC（电气规则检查）。

　　电气规则检查可以按照用户设计的规则进行，在执行检查后自动生成各种可能存在错误的报表，并且在原理图中以特殊的符号标明，以示提醒。用户可以根据提示进行修改。

　　在绘制复杂电路的过程中，通常会由于元件太多，编号产生混乱，如果手工逐个修改，容易出错，而且很浪费时间。Protel DXP 2004 提供了元件编号管理功能，可以实现自动重新编号。如果是系统自动编号，则不会出现元件编号重复的情况。

　　在原理图设计完毕后，为了方便查找数据，经常需要打印原理图或输出相关报表。Protel DXP 2004 提供了图纸打印和报表输出功能。

　　下面我们以单项训练 2 中的实用门铃电路为例，讲解电气规则检查、设置元件编号、打印设置以及各种报表的生成。

一、训练任务

以单项训练 2 中绘制的实用门铃电路为操作对象，按照如下要求进行操作：

（1）对原理图进行电气规则检查，并排除查找出的错误，掌握忽略 ERC 工具的使用。

（2）对原理图中包含的所有元件重新编号。

（3）进行打印设置。

（4）生成网络表。

（5）生成元件清单。

（6）生成工程层次结构表。

二、学习目标

（1）理解电气规则检查的含义，掌握电气规则检查和排除错误的方法。

（2）掌握如何对原理图中元件重新编号。

（3）掌握设置打印属性。

（4）掌握生成原理图的各式报表（网络表、元件清单、工程层次结构表）。

第一节　ERC 电气规则检查

一、电气规则检查的设置

在对工程项目进行检查之前，需要对工程选项进行一些设置，从而确定检查中编译工具对工程所做的具体工作。

执行菜单"项目管理"→"项目管理选项"，系统将弹出如图 6-1 所示的对话框。该对话框主要对产生报告的类型进行一些设置。

下面主要对常用的"Error Reporting"和"Connection Matrix"两个选项卡做一些介绍：

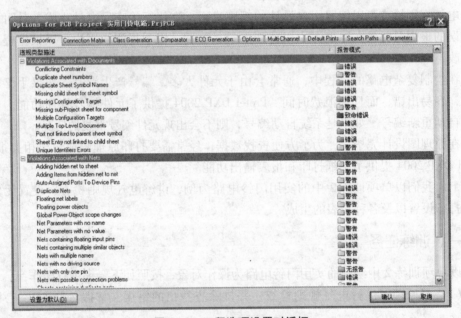

图 6-1　工程选项设置对话框

1. 标签"Error Reporting"

在该标签中，可以设置所有可能出现的错误的报告类型。错误报告类型可以分为四种：错误（Error）、警告（Warning）、严重警告（Fatal Error）、不报告（No Report）。

如果用户希望当在项目中出现"网络标号悬浮"（位置错误）这样的错误时，系统的报告类型为"错误"。用户可以在该标签上的"Floating Net Labels"后，将错误类型设置为"错误"。

2. 标签"Connection Matrix"

该标签中的选项也是用来设置错误的报告类型的，如图 6-2 所示。

用户也可以在其中设置产生错误的报告类型。假如用户希望当进行电气规则检查

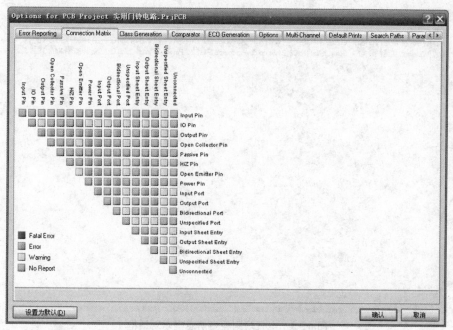

图6-2 电气连接矩阵设置对话框

时，对于元件无源引脚未连接时，系统不产生报告信息。则可以在矩阵的右侧找到 Passive Pin（无源引脚），然后再在矩阵上部找到 Unconnnected（未连接）这一列，持续单击两行列相交处的小方块颜色，直到其变为绿色（不报告），就可以改变电气连接检查后的报告类型。

小方块有4种颜色：绿色表示不报告、黄色代表警告、橙色代表错误、红色代表严重错误。在实际使用过程中，用户一般采用的是系统提供的默认设置，也可根据情况适当调整。本例中，采用系统的默认设置。

二、执行项目编译命令

执行菜单"项目管理"→"编译 PCB Project 实用门铃电路"，系统会弹出如图 6-3所示的消息（Message）提示框，提示项目中存在的问题。如果没有出现提示框，则单击位于屏幕右下角的 System 标签，在弹出的选项中选择 Message 标签，可以打开 Message 对话框。

在该对话框中，Class 表示报告的种类，图 6-3 中两个都是 Warning（警告）类型。

双击［Warning］旁边的小方块，将会弹出一个消息框，提示和这个错误相关的具体信息，如图 6-4 所示。

两个警告的意思都是类似的，第一个警告是 C1 的引脚 1 没有驱动来源，第二个警告是 C2 的引脚 2 没有驱动来源。因为本例中，不需要做仿真，只是绘制原理图，元件是否有驱动来源并不影响。所以可以忽略不计。如图 6-2 所示，将"net with no driv-

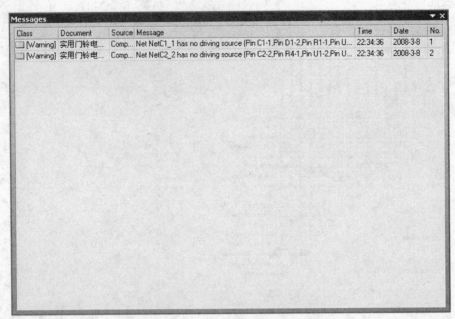

图 6 - 3　电气规则检查消息提示对话框

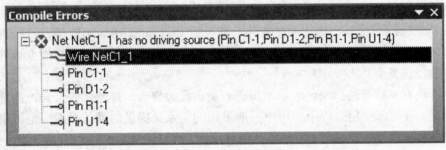

图 6 - 4　消息框

ing source"后的报告类型设置为"无报告"。

再次行菜单"项目管理"→"编译 PCB Project 实用门铃电路",编译后打开消息提示框,发现已无任何提示信息,表示编译无错。

在实际工作和学习中,用户所用到的问题可能很多,Protel DXP 2004 给出的编译信息并不都是准确的。用户可以根据自己的设计思想和原理判断该错误信息。

三、元件序号重新排列

对于复杂电路,如果元件很多,则编号很容易混乱。如果采用手工修改,不但浪费时间,还很容易出错。而 Protel DXP 2004 提供了元件编号管理功能。可以对序号自动按照一定的规则重新排列。"实用门铃电路"称不上是一个复杂电路。在此,我们以它为例,具体介绍元件序号重新编号功能。

1. 执行菜单"工具"→"注释"，将弹出"注释"对话框，如图6-5所示

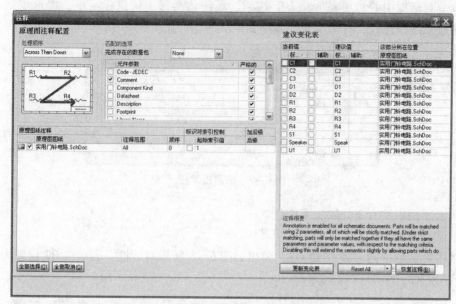

图6-5　注释对话框

2. 选择编排方法

对话框左上角的"处理顺序"下拉列表框中提供了4种编号的编排方法：

Up Then Across：从下到上、从左到右重新排列元件编号。

Down Then Across：从上到下、从左到右重新排列元件编号。

Across Then Up：从左到右、从下到上重新排列元件编号。

Across Then Down：从左到右、从上到下重新排列元件编号。

当用户选择了某种编排方法时，列表框下方将出现一个图形，能够形象地说明该种排列方法。本例中，选择"Up Then Across"排列方法，即从下到上、从左到右排列。

3. 重新编号

单击对话框中的"Reset All"按钮，将删除原理图中的所有编号，便于重新编号。系统会弹出如图6-6所示的对话框，提示用户原理图中发生了哪些变化。本例提示的是共产生了12个变化。

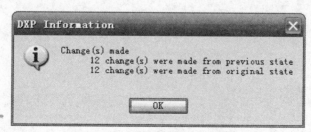

图6-6　元件编号消除提示对话框

4. 更新编号

单击对话框中的"更新变化表"按钮，系统将会弹出信息提示框，提示重新编号后，和原来图形比较，有多少元件编号发生了变化，如图 6 – 7 所示。

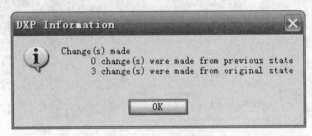

图 6 – 7　信息提示框

提示原图中共有 3 处发生了变化。

5. 更新修改

单击对话框中的"建立 ECO"，弹出如图 6 – 8 所示对话框，表示将 R2 设置为 R4，R4 设置为 R2，Speaker 设置为 Speaker1。

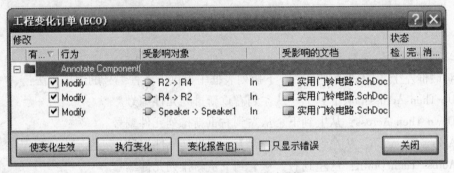

图 6 – 8　工程变化订单对话框

6. 确认修改

单击图 6 – 8 对话框中的"执行变化"，系统将会弹出执行修改变化窗口。单击"关闭"按钮，即生效。图 6 – 9 是编号重排之前的原理图，图 6 – 10 是编号重排后的原理图。

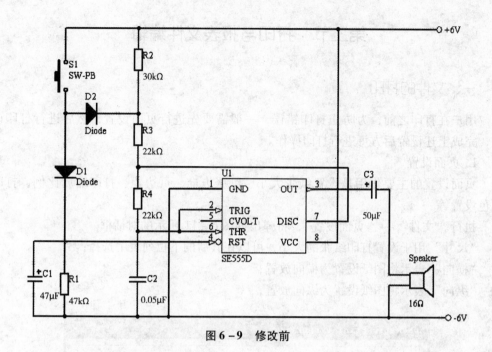

图 6 – 9　修改前

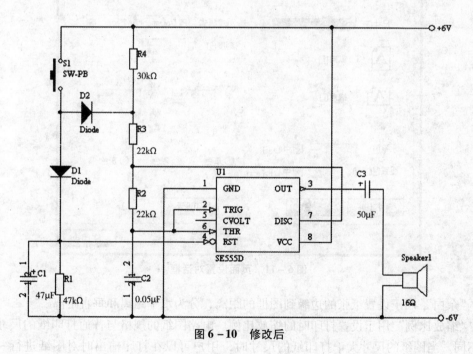

图 6 – 10　修改后

第二节　打印与报表文件编辑

一、文件的打印

用户在打印之前，为防止打印错误，一般需要先进行页面设置，然后进行打印设置，完成上述设置后方可进行打印操作。

1. 页面设置

页面设置的主要作用是设置纸张大小、纸张方向、页边距、打印缩放比例、打印颜色设置等。

执行"文件"→"页面设置"，将弹出如图 6 – 11 所示的对话框。

"尺寸"用于设置打印纸张的大小，可以在其后的下拉列表中选择；

"横向"表示将图纸设置为横向放置；

"纵向"表示将图纸设置为纵向放置；

图 6 – 11　页面设置对话框

"余白"用于设置纸张的边缘到图框的距离，分为水平距离和垂直距离。

"缩放比例"用于设置打印时的缩放比例。电路图纸的规格与普通打印纸的尺寸规格不同。当图纸的尺寸大于打印纸的尺寸时，用户可以在打印输出时对图纸进行一定的比例缩放，从而使图纸能在一张打印纸中完全显示。有两种刻度模式可供选择："Fit Document On Page"表示根据打印纸张大小自动设置缩放比例来输出原理图；"Scaled Print"用于自行设置打印缩放比例，当选择该项后，可以在"修正"下设置 X 和 Y 方向的缩放比例。

"彩色组"用于颜色的设置："单色"表示将图纸单色输出；"彩色"表示将图纸彩色输出；"灰色"表示将图纸灰色输出。

本例中，将图纸大小设置为 B5，放置方式设置为横向，单色。

2. 打印机设置

执行"文件"→"打印"，打开打印机配置对话框，其中用于设置打印机的属性。在该对话框中可以选择打印机的名称、打印范围、打印份数等。用户可以根据要求进行设置。如果用户的计算机已经连接了打印机，单击"确定"按钮后，就可以打印了。

二、生成网络表

网络表是反映原理图中器件之间连接关系的一种文件，它是原理图与印制电路板之间的一座桥梁。在制作印制电路板的时候，主要是根据网络表来自动布线的。网络表也是 Protel DXP 2004 检查、核对原理图、PCB 是否正确的基础。

网络表可以由原理图文件直接生成，也可以在文本编辑器中由用户手动编辑完成。也可以在 PCB 编辑器中，由已经布好线的 PCB 图导出网络表。

网络表中主要包含元件的信息和元件之间连接的网络信息。

生成网络表的步骤如下：

（1）打开原理图"实用门铃电路"。

（2）执行菜单"设计"→"设计项目的网络表"→"Protel DXP"，就会生成"实用门铃电路"所对应的网络表文件。如图 6 – 12 所示。双击即可打开网络表文件"实用门铃电路 . NET"。

图 6 – 12　网络表文件

在网络表文件中，包含两部分信息：元件信息以及元件之间的网络信息。网络前面部分的［　］中列出的是元件信息，如：

[
C1
RB7. 6 – 15
Cap Pol1
]

列出的是元件 C1 的信息，该元件的封装为 RB7. 6 – 15，该元件的型号为 Cap Poll。网络表后面部分的（）中列出的是元件之间的网络信息。如：

(
NetC1_ 1
C1 – 1
D1 – 2
R1 – 1
U1 – 4
)

表示网络名为 C1 – 1，其中所包含的引脚有 C1 的引脚 1、D1 的引脚 2、R1 的引脚 1、U1 的引脚 4。

三、生成元件清单报表

元件清单报表能够生成原理图中所有的元件信息。如果需要采购原理图中的所有器件，则可以生成元件清单，按照元件清单去购买。

执行"报告"→"Bill of Materials"命令，打开元器件清单报表对话框。如图 6 – 13 所示。

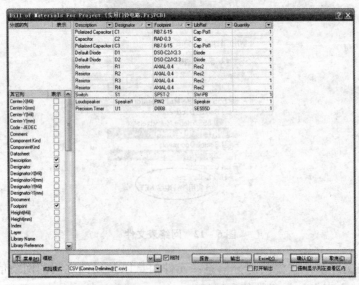

图 6 – 13　元件清单

对话框的右边列出了要产生的元件的列表信息。

单击"报告"按钮,将弹出元器件清单报表的预览图,如图6-14所示。

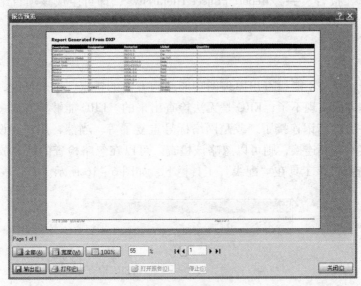

图6-14 报告预览

单击"输出"按钮,将弹出如图6-15所示的输出对话框。

图6-15 输出对话框

在该对话框中设置保存的名字,选择保存的类型和位置,即可将元件清单输出到指定的文件中了。

四、生成工程结构图

执行菜单"报告"→"Report Project Hierarchy",即可生成该项目结构的工程结构图。

小 结

电气规则检查并不能检查出原理图功能结构方面的错误,也就是说,假如你设计的电路图原理方面实现不了,ERC 是无法检查出来的。ERC 能够检查出一些人为的疏忽,比如元件引脚忘记连接了,或是网络标号重复了等。当然,用户在设计时,假如某个元件确实不需要连接,则可以忽略该检查。可以在忽略检查的地方放置一个"忽略 ERC"检查点,该工具在"配线"工具栏上,如图 6 – 16 所示。

忽略ERC检查点

图 6 – 16　配线工具栏

晶闸管控制闪光灯电路实训

绘制出如图 6 – 17 所示的晶闸管控制闪光灯电路,检查 ERC 错误,并根据提示修改错误,按照 Across Then Up 方式自动编号,生成网络表、元件清单表、组织结构图。

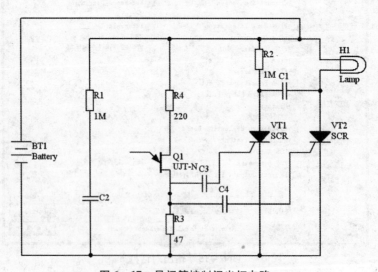

图 6 – 17　晶闸管控制闪光灯电路

第七章　PCB 电路设计

本章介绍印制电路板（PCB）设计的一些基本概念，如电路板、导线、组件封装、多层板等，并介绍印制电路板的设计方法和步骤。通过这一章的学习，使读者能够完整地掌握电路板设计的全部过程。Protel DXP 是一款强大的 PCB 设计软件，由于其软件由国外企业开发，且具有极强的技术性和专业性，导致即使进行了汉化工作，但是大多数的操作还是与英文密不可分。同时，多数熟练的软件用户也会学习全英文的操作环境。所以，从本章开始，我们将采用英文版进行讲解，以帮助初学者更好地理解和使用该软件。

第一节　PCB 板设计的工作流程

一、什么是 PCB

PCB 是英文 Printed Circuit Board 的简写，也就是印制电路板。其原理就是在绝缘的载体印制上导电的线路，完成电子元件的安装以及连接。例如 PCB 板基材使用 FR4 玻璃纤维板材，板材上的敷铜厚度采用 1 盎司铜，等价为 35 微米的铜箔厚度。根据板材厚度，主要使用 1.2mm 和 1.6mm 板材，少数特殊功能设计采用 0.8mm 板材。根据敷铜面的多少，分为单面板、双面板、多层板。考虑到成本和功能，目前多数产品均使用单面板和双面板。根据表面镀层处理不同，分为喷锡板、镀金板以及防氧化板等。

PCB 板的价格单位是按照每平方厘米为单位来计算。假如价格为每平方厘米为 7 分，PCB 板长宽为 8.3×3.2，面积为 $8.3 \times 3.2 = 26.56$（cm^2），计算单价为 $26.56 \times 0.07 = 1.86$（元）。

二、PCB 生产流程

生产厂家在生产 PCB 板时是根据厂家提供的 PCB 文件来得到需要的各种文件。在打样一块 PCB 板时，我们首先需要向供应商提供电路板电子文档，同时还要说明板材厚度，铜箔厚度，涂层处理方式以及加工的特殊说明。厂家通过对客户文件的处理，得到需要的各种文件，并以此为依据制作菲林（光绘文件）以及参数坐标并进入正式流程。打样回来的 PCB 在经过测试各项指标合格后，即可签发样品确认书进行小批量试生产，并视情况进行大批量生产。

三、PCB 的设计中遇到的常见参数

1. 过孔（Via）

过孔的作用是完成 PCB 两个面上导线的电气连接。过孔通常的尺寸为内径 23mil 和外径 33mil。厂家推荐尺寸为外径比内径大 12mil，但根据厂家的生产能力，10mil 也可以做到。为了防止过孔与其他线路因连锡而短路，在加工时会要求加工商对过孔处涂覆阻焊剂，即绿油处理。过孔在完成连接的同时，也给线路引进了额外的电感，在高频电路时应当减少过孔的使用。由于过孔的体积以及内表面处理限制，在大电流应用中应当考虑过孔的尺寸。

2. 焊盘（Pad）

焊盘的作用是固定元器件。插件元件的焊盘大小应当考虑对应器件的管脚粗细，焊盘内径应当大于管脚直径，同时留足一定裕量，太小则容易导致管脚插入困难，或者维修二次焊接时困难；太大则造成焊料的浪费。外径则应当考虑有足够的锡固定引脚，防止虚焊。贴片器件的焊盘应当考虑尺寸精度以及焊接的难易度。

3. 导线（Track）

导线的作用是完成元器件的连接。导线的宽度由具体功能决定，同时为了保证生产厂家的成品率，不应当太细。为了方便设计，应当固定采用几个线宽，防止走线过程中线宽突变，同时保证线路的一致、美观。在公司常用线宽为信号线 9mil、12mil 和 16mil，电源以及大电流走线一般有 24mil、36mil、56mil、64mil、72mil 和 100mil。

4. 标识（Designator）

标识是元器件的编号，通常元器件编号采用元器件类型简称 +3 位数字的形式，如 IC 类 U201、U204，三极管类 T201、T301，电容类 C102、C301。三位数字的第一位数字表示功能模块，如电源部分，MCU 部分，RS485 部分，计量部分等。后两位数字代表元器件编号。

5. 覆铜层（Polygon）

覆铜层一般为大面积的铺地，除了起到地网络连通的作用，还起到为系统提供一个稳定可靠的地平面，吸收外界干扰以及遏制系统内噪声。

6. 禁止布线层（Keepout Layer）

禁止布线层的作用与其名称一样，作用就是设置元器件允许布线的范围。在大部分教材中，机械层（Mechanical Layer）是用来决定 PCB 外框形状的，但机械层并不能阻止布线，因此机械层必须与禁止布线层同时使用。在现在的设计中一般不使用机械层，直接使用禁止布线层，厂商也会会自动以此为板框尺寸。

7. 顶层丝印层（Top Overlay）和底层丝印层（Bottom Overlay）

顶层丝印层和底层丝印层俗称白油层，是印制各中参数信息的层面。标识和版号等信息通常全部印制在这一层里。

8. 规则（Rules）

规则是用来设置 PCB 绘制的依据，我们可以通过设置规则来让软件帮助我们更好

地检测设计中的问题，及时发现和处理各项违规的地方。

常用的规则设置有：

（1）间隙（Clearance）：该参数设置导线间的距离，在通常设置中，信号导线与导线之间的间距应当大于最小导线宽度，而覆铜层的间隙宽度应当做到最小 15mil。

（2）宽度控制（Width Constraint）：宽度控制用来设置最小和最大的导线宽度，我们一般较为关心最小宽度的设置。

（3）过孔设置（Routing Via Style）：用来设置最大和最小过孔宽度，我们一般较为关心最小过孔内径和外径。

（4）敷铜连接方式（Polygon Connect Style）：敷铜连接方式决定了敷铜与管脚连接的形式，通常使用十字形连接，连接线宽为 24mil。

四、PCB 板的设计流程（如图 7 - 1 所示）

（1）在开始进行 PCB 布局时，首先应当完成原理图的设计，得到一个正确的原理图，这是 PCB 设计的基础。通过原理图我们可以得到一个各个元器件连接属性的网络表。根据元器件的参数，我们可以找到相关的元器件资料并建立所有元器件的封装。此外，还需要结构部配合给出板框尺寸以及各个安装位置，功能接口的位置。

（2）在完成准备工作后，进入具体操作部分，但首先需要将所有封装文件及网络表导入到建立好外框的 PCB 文件中。导入过程中可能会提示一些元件封装错误，请根据错误提示排除错误。在完成导入文件操作后，首先第一步要做的是固定结构相关器件，如 LED，按键，卡座，液晶，红外发射器等。将这些器件移动到对应的安装位置，并在属性里选择锁定，防止错误操作。

（3）在确立的优先器件后，我们可以进行大致布局，大致布局的目的是决定各个功能模块的位置，在 PCB 设计中，一般默认为：

①除需要安装到表面的器件外，所有贴片器件放置到插件器件的一面，一般为底层；

②计量单元放置在左下角，方便进线；

③MCU 放置在 LCD 背面，并且做到引线足够短；

④接口部分放置到 PCB 右下角，方便出线；

⑤变压器远离互感器和锰铜分流器等对漏磁较敏感的器件；

⑥需要隔离的电路之间保留足够的爬电距离。

（4）在完成了大致布局后，可以进行局部布局。完成各个功能模块对应器件的摆放。在局部布局时需要考虑的因素有：

①晶振应当尽量靠近晶振管脚，做到走线尽量短；

②去耦电容应当尽量靠近 IC 的电源输入脚；

③IC 之间有高速连接的器件应当尽量靠近；

④要考虑维修的方便性，对一些器件的摆放位置作出优化，以免造成生产困难；

⑤留一定的板边距，要求板边距最好做到 4mm 以上，否则在 SMT 车间贴片时易造

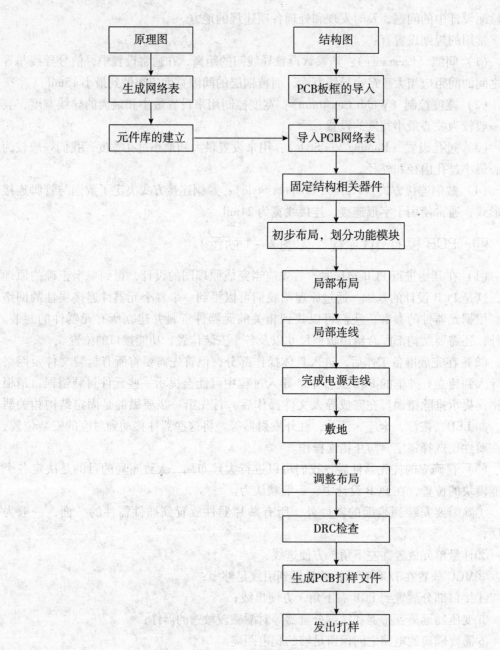

图 7 - 1 PCB 设计流程

成贴片取料头意外损坏，在波峰焊接时造成器件与链条碰撞，无法一次性用波峰焊接完成插件焊接，需要安排更多工位补焊；

⑥压敏电阻、聚酯电容、瞬态抑制二极管和稳压管，滤波电容应当放到需要保护器件的前端；

⑦注意高压信号和低压信号的距离。

（5）在完成了局部布局后，可以进行元器件的连线。连线需要注意以下方面：

①了解各个器件可能流过的电流大小以及最大的冲击电流大小，能够大致了解走线上承载的信号对其他信号可能的影响，以便进行走线粗细的设置。

②高压信号到压敏电阻和聚酯电容两端的走线应当尽量采用较宽的线宽，使保护器件能够及时地释放过载能量，同时还能防止线路被瞬间大电流烧毁。

③低电压供电信号主线路走线采用 36mil，减少导线电阻，在芯片附近可以采用 24mil 及以下宽度。

④小信号连线可以采用 10mil 或者 12mil，太细会造成废板率过高，太粗没有意义。

⑤高频信号附近不能走线，例如晶振底部。

⑥尽量减少过孔的连接。

走线的质量直接影响到 PCB 板的性能，在实际布线时可能需要推翻重来，甚至回到原理图修改 IO 口定义，这是最为费时的部分。

⑦在完成所有信号线的走线后，可以进行电源线的走线，电源线的走线应当保证足够的宽度，避免线宽的突变以及直角的拐角。此外不能把电源线形成一个环路。

⑧在完成线路连接后，可以进行铺地的处理，形成一个大的接地平面，同时等效于完成地线的布线。

⑨在完成了地平面后，可以以此为参照，以接地面积最大化为目标进行器件布局的调整，在调整时要防止大片的接地只通过几个过孔与主地相连接。要注意芯片下的铺地完整性。此外还能较好的观察布线和器件摆放的美观性，还有各个信号的回流环路是否完整。在此步骤时，完成所有器件标示的调整和修改，并打上公司 Logo 和 PCB 版本号。

⑩DRC 校验是一个高效可靠的检查工具，它可以根据我们设定的规则可靠地检查所有 PCB 板的绘制规范，同时指出错误并以高亮标识错误。

⑪在确认所有设计无误后，可以将 PCB 板导出，导出格式为 Protel PCB 2.8 ASCII File。

⑫最后由文控发出打样。

第二节　绘制 PCB 图

本节旨在说明如何生成电路原理图、把设计信息更新到 PCB 文件中以及在 PCB 中布线和生成器件输出文件，并且介绍了工程和集成库的概念以及提供了 3D PCB 开发环境的简要说明。本章将以"非稳态多谐振荡器"为例，介绍如何创建一个 PCB 工程。

在 Protel DXP 里，一个工程包括所有文件之间的关联和设计的相关设置。一个工程文件，例如 xxx. PrjPCB，是一个 ASCII 文本文件，它包括工程里的文件和输出的相关设置，例如，打印设置和 CAM 设置。与工程无关的文件被称为"自由文件"。与原理图和目标输出相关联的文件都被加入到工程中，例如 PCB、FPGA、嵌入式（VHDL）和库。当工程被编译的时候，设计校验、仿真同步和比对都将一起进行。

任何原始原理图或者 PCB 的改变都将在编译的时候更新。所有类型的工程的创建过程都是一样的。本节以 PCB 工程的创建过程为例进行介绍，先创建工程文件，然后创建一个新的原理图并加入到新创建的工程中，最后创建一个新的 PCB，和原理图一样加入到工程中。

一、创建 PCB 项目

1. 创建一个新的 PCB 工程

（1）选择菜单"File"→"New"→"Project"→"PCB Project"，或在左侧 Files 面板的内 New 选项中单击 Blank Project（PCB）。如果这个选项没有显示在界面上则从 System 中选择 Files。也可以在 Protel DXP 软件的 Home Page 的 Pick a Task 部分中选择 Printed Circuit Board Design，并单击 New Blank PCB Project。

（2）Projects 面板框显示在屏幕上。新的工程文件 PCB_ Project1. PrjPCB 已经列于框中，并且不带任何文件，如图 7－2 所示。

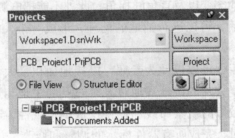

图 7－2　PCB 工程的创建

（3）重新命名工程文件（用扩展名 . PrjPCB），选择 File→Save Project As。保存于您想存储的地方，在"文件名"中输入工程名 Multivibrator. PrjPCB 并单击"保存"。下面我们将会创建一个原理图文件并添加到空的工程中。这个原理图就是教程中的例子非稳态多谐振荡器。

2. 创建一个新的电气原理图

（1）选择菜单 File→New→Schematic，或者在左侧 Files 面板内里的 New 选项中单击 Schematic Sheet。在设计窗口中将出现一个命名为 Sheet1. SchDoc 的空白电路原理图并且该电路原理图将自动被添加到工程当中。该电路原理图会在工程的 Source Documents 目录下。

（2）选择菜单 File→Save As 可以对新建的电路原理图进行重命名，可以将通过文件保存导航保存到用户所需要的硬盘位置，如输入文件名字 Multivibrator. SchDoc 并且点击保存。当用户打开该空白电路原理图时，用户会发现工程目录改变了。主工具条包括一系列的新建按钮，其中有新建工具条，包括新建条目的菜单工具条和图表层面板。用户现在就可以编辑电路原理图了。用户能够自定义许多工程的外观。例如，用户能够重新设置面板的位置或者自定义菜单选项和工具条的命令。现在我们可以在继续进行设计输入之前将这个空白原理图添加到工程中，如图 7－3 所示。

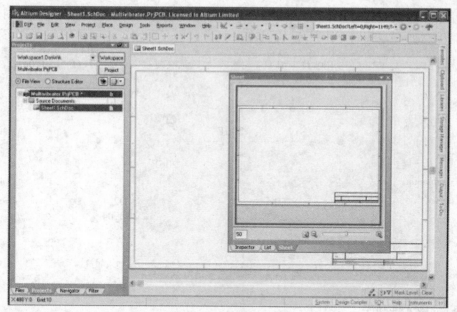

图 7 - 3 新建电路原理图

3. 添加电路原理图到工程

如果添加到工程中的电路原理图以空文档的形式被打开，可以通过在工程文件名上点击右键并且在工程面板中选择 Add Existing to Project 选项，选择空文档并点击 Open。该电路原理图在 Source Documents 工程目录下，并且已经连接到该工程。

在绘制电路原理图之前要做的第一件事情就是设置合适的文档选项。完成下面步骤：

（1）从菜单中选择 Design→Document Options，文档选项设置对话框就会出现。该图纸的尺寸为 A4，在 Sheet Options 选项中，找到 Standard Styles 选项；点击到下一步将会列出许多图表层格式。

（2）选择 A4 格式，并且点击 OK，关闭对话框并且更新图表层大小尺寸。

（3）重新让文档显示适合的大小，可以通过选择 View→Fit Document。在 Altium 中，也可以通过设置热键的方法执行操作。任何子菜单都有自己的热键。例如，前面提到的 View→Fit Document，可以通过按下 V 键跟 D 键来实现。许多子菜单，比如 Eidt→DeSelect 能直接用一个热键来实现。

4. 电路原理图的总体设置

（1）选择 Tools→Schematic Preferences，来打开电路原理图优先设置对话框。在左侧的 Schematic 中可以对原理图各项基本绘图参数进行全局设置。

（2）在您开始设计原理图前，保存此原理图，选择 File→Save（快捷键：F，S）。

5. 绘制电路原理图

接下来可以开始画电路原理图。本章将使用如图 7 - 4 所示的电路图为例进行讲解。这个电路是由两个 2N3904 三极管组成的非稳态多谐振荡器。

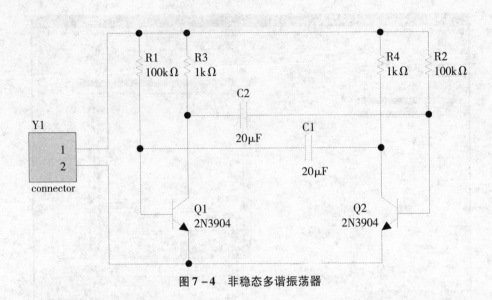

图 7-4　非稳态多谐振荡器

6. 加载元件和库

Protel DXP 为了管理数量巨大的电路标识，电路原理图编辑器提供了强大的库搜索功能。虽然元件都在默认的安装库中，但是还是很有必要知道如何通过从库中去搜索元件。按照下面的步骤来加载和添加图 7-4 电路所需的库。首先我们来查找型号为 2N3904 的三极管。

（1）点击右侧 Libraries 标签显示 Library 面板，如图 7-5 所示。

（2）在 Library 面板中点击 Search 按钮，或者通过选择 Tools→Find Component，来打开 Libraries Search 对话框，如图 7-6 所示。

（3）在 Options 设置中，Search in 设置为 Components。对于库搜索存在不同的情况，使用不同的选项。Components 指原理图元件、Footprint 指 PCB 器件封装、3D Models 指三维立体元器件。

（4）Scope 必须设置为 Libraries on Path，并且 Path 包含了正确的库链接路径。如果在安装软件的时候使用了默认的路径，路径将会是 C：\ Program Files \ ALTIUM2004 \ Library。可以通过点击文件浏览按钮来改变库文件夹的路径。勾选 Include Subdirectories 复选项框。

（5）为了搜索所有 3904 的所有索引，在库搜索对话框的搜索栏输入 ＊3904＊。使用 ＊ 标记来代替不同的生厂商所使用的不同前缀和后缀。

（6）点击 Search 按钮开始搜索。搜索启动后，搜索结果将在库面板中显示。

（7）点击 Miscellaneous Devices. IntLib 库中的名为 2N3904 的元件并来添加它。这个库拥有所有的可以用于仿真的 BJT 三极管原理图元件。

（8）如果选择的元件没有在已安装的库内，在使用该元件绘制电路图前，会出现要求安装库的提示。由于 Miscellaneous Devices 已经默认安装了，所以该元件可以使用。在库面板的最上面的下拉列表中有添加库这个选项。当点击列表中一个库的名字，在

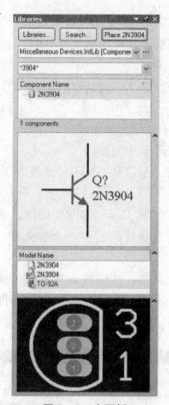

图 7 - 5 库面板

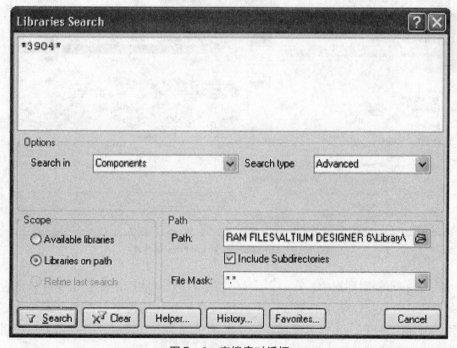

图 7 - 6 库搜索对话框

库里面的所有元件将在下面显示。放置元件也可以通过元器件过滤器进行快速搜索，但前提是，这个元件正处于当前正在使用的元件库中。

7. 在电路原理图中放置元件

第一种要在电路图中放置的元件为三极管 Q1 和 Q2。电路图的布局将参照图 7-4 所示。

（1）元器件设置

①选择 View→Fit Document，原理图表层全屏显示。

②通过 Libraries 快捷键来显示库面板。

③Q1 和 Q2 为 BJT 三极管，所以从 Libraries 面板顶部的库下拉列表中选择 Miscellaneous Devices. IntLib 库。

④选择元件 2N3904，然后点击 Place 2N3904 按钮。或者直接双击该元件的文件名。光标会变成十字准线状态，并且悬浮附着了一个三极管，元器件处于放置状态。如果移动光标，三极管将跟着移动。

⑤放置元器件在原理图上之前，应该先设置其器件属性。当三极管处于悬浮状态时，敲击键盘 Tab 键，将打开 Component Properties 元器件属性框。把该属性对话框设置成如图 7-7 所示。

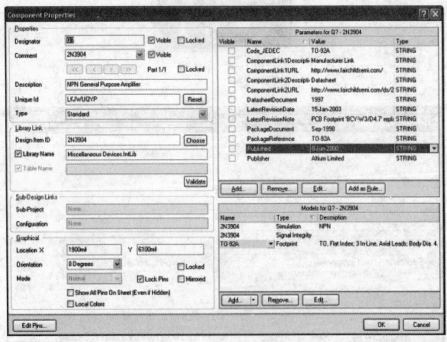

图 7-7 Component Properties 属性框

⑥在 Properties 对话框中，在 Designator 栏输入 Q1。然后，检查元件封装是否符合 PCB 的要求。在这里，使用的集成库中已经包含了封装的模型。在 Footprint 选项中确认调用封装 BCY-W3/E4 封装模型。保持其他选项为默认设置，并点击 OK 按钮关闭对话框，三极管元器件属性设置完成。

（2）放置三极管

①移动光标，在原理图纸中间靠左的位置上放置三极管。点击鼠标或者按下 Enter 键来完成放置。

②移开光标，在原理图上将再次出现一个 2N3904 三极管，并且也是处于悬浮状态。Protel DXP 允许反复放置同一器件。所以，现在可以快速放置第二个同样的三极管而不必在 Libraries 面板上重新选择。由于该三极管跟原来的一样，所以在放置器件时不需要再次编辑器件的属性。Protel DXP 将自动增加 Designator 的名字中的数字后缀。所以这次放置的三极管的 Designator 将自动变为 Q2，以此类推。

③当参照示例电路图 7 - 4 时，将发现其实 Q2 为 Q1 的镜像。通过按下 X 键来改变放置器件的方向。这将使元件沿水平方向方向镜像翻转。同理，按下 Y 键可以实现垂直镜像翻转。

④移动光标到 Q1 的右边，为了使得位置更加准确，点击 Page Up 键来放大画面，这样可以看到栅格线，方便定位。

⑤单击鼠标或点击 Enter 来放置 Q2。每次放置好一个三极管，又会出现下一个准备放置的三极管。

⑥所有三极管都放置完毕后，可以通过点击右键或按下 Esc 键来退出放置状态。光标又回到原来的样子。

（3）放置电阻

①在库面板中，激活 Miscellaneous Devices. IntLib 库。

②在 Libraries 面板下第二栏 filter 空白填写框填入 "res1"，可以快速搜索本库中的电阻元器件。

③双击 Res1 来选择该器件，电阻元件将贴着光标处于悬浮待放置状态。

④按下 Tab 来编辑属性。在属性对话框中，设置 Designator 为 R1。

⑤在 Footprint 列表中确定元件封装为 AXIAL - 0. 3。

⑥PCB 元件的内容是由原理图映射过去的，所以这里需要设置 R1 的阻值大小 Value 为 100k。

⑦按下空格键使得电阻旋转 90°，位于正确的方向。

⑧把电阻放置在 Q1 的上方，按下 Enter 完成放置。

⑨接下来放置一个 100kΩ 的电阻 R2 于 Q2 的上方，Designtor 的标号会自动增加。

⑩剩下的两个电阻 R3 和 R4 的大小为 1kΩ，通过 Tab 键设置它们的电阻值 Value 为 1kΩ。

⑪放置 R3 和 R4 如图 7 - 4 所示，并通过点击右键或 Esc 退出。

（4）放置电容

①电容器件也在 Miscellaneous Devices. IntLib 库中，该库已经处于激活状态。

②在 Libraries 面板的元器件过滤区 filter 内输入 CAP。

③点击 CAP 来选择该器件，点击 PLACE CAP 或双击该器件。

④通过 Tab 键设置电容属性。设 Designator 为 C1，Comment 为 20nF，PCB 封装为

RAD – 0.3，点击 OK。

⑤跟前面一样，放置其他电容，需要注意有极性电容和无极性电容为不同的元器件，放置时，不要混淆。

⑥电容放置完毕，通过右键或 Esc 退出放置。

（5）放置插件

最后一个需要放置的器件是 Connector 双口插件，插件位于 Miscellaneous Connectors. IntLib 库。

①在库面板中，选择 Miscellaneous Devices. IntLib 库，需要的 connector 器件为 2 排针插件。

②点击 Header 2H 来选择该器件，双击进行放置。通过 Tab 键设置电容属性。设 Designator 为 Y1，PCB 封装为 HDR1X2H，点击 OK。

③在放置前，按下 X 键对器件进行水平镜像。然后放置 Connector 器件。

④结束放置。

⑤点击 File→Save，保存原理图。

现在已经放置完所有的元件。元件的摆放如图 7 - 8 所示，可以看出这样的放置留出充分的空间进行连线。

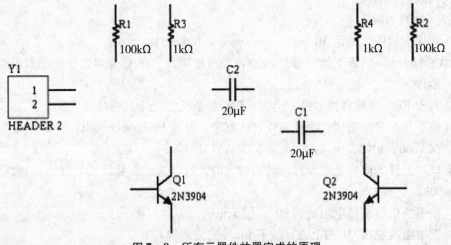

图 7 - 8　所有元器件放置完成的原理

（6）电路连线

①为了使电路图层美观，可以使用 Page Up 来放大，或 Page Down 来缩小。或保持 Ctrl 按下，使用鼠标的滑轮也可以放大或缩小图层。

②首先连接电阻 R1 到三极管 Q1。在菜单中选择 Place→Wire 或者在连线工具条中点击 Wire 来进入绘线模式，光标会变成 Crosshair 十字准线模式。

③把光标移动到 R1 的最下面，当位置正确时，一个红色的连接标记会出现在光标的位置。这说明光标正处于元件电气连接点的位置。

④单击或者按下 Enter 键来确定第一个连线点。移动光标，会出现一个从连接点到

光标位置,随着光标延伸的线。

⑤在 R1 的下方 Q1 的电气连接点的位置放置第二个连接点,这样第一根连线就快画好了。

⑥把光标移动到 Q1 的最下面,当位置正确时,一个红色的连接标记会出现在光标的位置。单击或者按下 Enter 键来连接 Q1 的基点。

⑦光标又重新回到了十字准线 Crosshair 状态,这说明可以继续画第二根线了。可以通过点击右键或者按下 Esc 来完全退出绘线状态,不过现在还不要退出。

⑧现在连接 C1 到 Q1 和 R1。把光标放在 C1 左边的连接点上,单击或者按下 Enter,开始绘制一个新的连线。水平移动光标到 R1 与 Q1 所处直线的位置,电气连接点将会出现,单击或按下 Enter 来连接该点。这样两根直接便自动地连接在一起了。

⑨按照图 7 - 4 绘制电路剩下的部分,如图 7 - 9 所示。

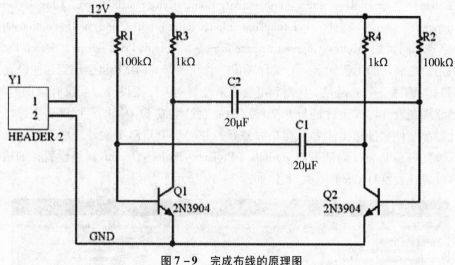

图 7 - 9　完成布线的原理图

⑩当完成所有连线的绘制时,单击右键或按下 Esc 来退出画线模式。光标回到原来的状态。

⑪如果想移动元件跟连接它的连线,当移动元件的时候按下并保持按下 Ctrl 键,或者选择 Edit→Move→Drag。

(7) 网络和网络标记

每个元件的管脚连接的点都形成一个网络。例如一个网络包括了 Q1 的基点,R1 的一个脚和 C1 的一个脚。为了能够简单地区分设计中比较重要的网络,可以设置网络标记。接下来放置两个电源网络标记:

①选择 Place→Net Label。一个带点的框将贴着光标。

②在放置前,通过 Tab 键打开 Net Label 对话框。

③在 Net 栏输入 12V,点 OK 关闭。

④在电路图中,把网络标记放置在连线的上面,当网络标记跟连线接触时,光标

会变成红色十字准线。如果是一个灰白十字准线，则说明放置的是引脚。

⑤当完成第一个网络标记的绘制，仍处于网络标记模式，在放置第二个网络标记前，可以按下 Tab 键，编辑第二个网络。

⑥在 Net 栏输入 GND，点击 OK 关闭。然后放置标记。

⑦在电路图中，把网络标记放置在连线的上面，当网络标记跟连线接触时，光标会变成红色十字准线。单击右键或按下 Esc 退出绘制网络标记模式。

⑧选择 File→Save，保存电路图同时保存项目。

二、编译工程

1. 设置工程选项

在把原理图变成电路板之前，必须设置项目的选项。工程选项包括了：error checking parameters，Error Reporting，a connectivity Connectivity matrixMatrix，Class Generator，the Comparator setup，ECO generationGeneration，output paths and netlist optionsOptions（输出路径和网表），Multi – Channel naming formats，Default Print setups，Search Paths 以及任何用户想制定的工程元素。当编译工程的时候，Protel DXP 将会用到这些设置。

（1）当编译一个工程时，将用到电气完整性规则来校正设计。当没有错误的时候，编译的原理图设计将被装载进目标文件。例如通过生成 ECOs 来产生 PCB 文件。工程允许比对源文件和目标文件之间存在的差异，并同步更新两个文件。所有与工程相关的操作，都可在 Project 对话框的 Options（Project→Project Options）里设置，如错误检查、文件对比、ECO generation，具体如图 7 – 10 所示。

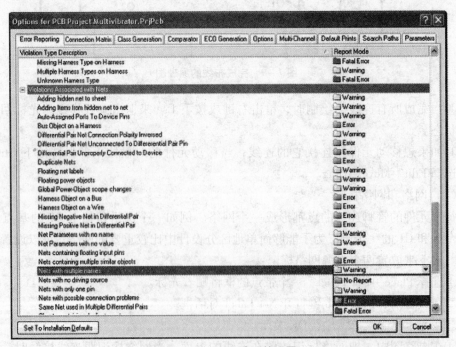

图 7 – 10　工程选项的设置

（2）工程输出。例如装配输出和报告可以在 File 菜单选项中设置。用户也可以在 Job Options 文件（File→New→Output Job File）中设置 Job 选项。更多关于工程输出的设置如下所示。选择 Project→Project Options，某个工程的选项对话框便会打开在这个对话框中可以设置任意一个与工程相关的选项。如图 7－10 所示为怎样改变 Error Reporting 中各项的报告方式。

（3）检查原理图的电气属性。在 Protel DXP 中原理图图表不仅仅是简单的图，它包括了电路的电气连接信息。用户可以运用这些连接信息来校正自己的设计。当编译工程时，Protel DXP 将根据所有对话框中用户所设置的规则来检查错误。

（4）设置 Error Reporting。Error Reporting 用于设置设计草图检查，Report Mode 设置当前选项提示的错误级别，分为 No Report、Warning、Error、Fatal Error，点击下拉框选择即可，如图 7－10 所示。

（5）设置 Connection Matrix。Connection Matrix 界面显示了运行错误报告时需要设置的电气连接，如各个引脚之间的连接，可以设置为四种允许类型。如图 7－10 所示的矩阵给出了一个原理图中不同类型连接点的图形的描绘，并显示了它们之间的连接是否设置为允许。如图 7－11 中所示的矩阵图表，先找出 Output Pin，在 Output Pin 那行中找到 Open Collector Pin 列，行列相交的小方块呈橘黄色，这说明在编译工程时，Output Pin 与 Open Collector Pin 相连接会是产生错误的条件。用户可以根据自己的要求设置任意一个类型的错误等级，从 No Report 到 Fatal Error 均可。右键可以通过菜单选项控制整个矩阵。

（6）改变 Connection Matrix 的设置。点击 Connection Matrix 界面，点击两种连接类型的交点位置，例如 Output Sheet Entry 和 Open Collector Pin 的交点位置，点击直到改变错误等级。

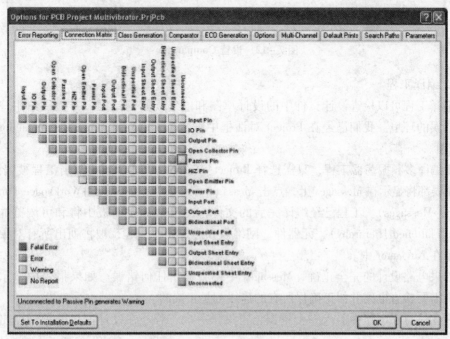

图 7－11　设置 Connection Matrix

（7）设置 Comparator。Comparator 界面用于设置工程编译时，文件之间的差异是被报告还是被忽略。选择的时候请注意选择，不要选择了临近的选项，例如不要将 Extra Component Classes 选择成了 Extra Component。

点击 Comparator 界面，在 Asscoiated with Component 部分找到 Changed Room Definitions，Extra Room Definitions 和 Extra Component Classes 选项。将上述选项的方式通过下拉菜单设置为 Ignore Differences，如图 7 – 12 所示。现在用户便可以开始编译工程并检查所有错误了。

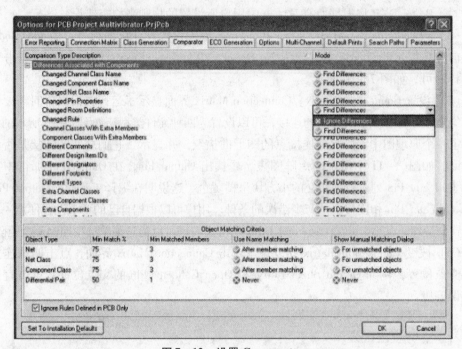

图 7 – 12　设置 Comparator

2. 编译工程

编译工程可以检查设计文件中的设计草图和电气规则的错误，并提供给用户一个排除错误的环境。我们已经在 Project 对话框中设置了 Error Checking 和 Connection Matrix 选项。

要编译多频振荡器工程，只需选择 Project→Compile PCB Project。当工程被编译后，任何错误都将显示在 Messages 上，点击 Messages 来查看错误（View→Workspace Panels→System→Messages）。工程已经编译完后的文件，在 Navigator 面板中将和可浏览的平衡层次（Flattened Hierarchy）、元器件、网络表和连接模型一起，被将列出所有对象的连接关系在 Navigator 中。

如果电路设计的完全正确，Messages 中不会显示任何错误。如果报告中显示有错误，则需要检查电路并纠正确保所有的连线都是正确的。

现在故意在电路中引入一个错误，再编译一次工程。在设计窗口的顶部点击激活

Multivibrator. SchDoc。选中 R1 和 Q1 的 B 极之间的连线，点击 Delete 键删除此线。再一次编译工程（Project→Compile PCB Project）来检查错误。Messages 中显示警告信息，提示用户电路中存在未连接的引脚。如果 Messages 窗口没有弹出，选择 View→Workspace Panels→System→Messages。双击 Messages 中的错误或者警告，编译错误窗口会显示错误的详细信息。从这个窗口，用户可以点击错误直接跳转到原理图相应的位置去检查或者改正错误。

下面将修正上文所述的原理图中的错误。点击激活 Multivibrator. SchDoc。在菜单中选择 Edit→Undo，或者使用快捷键 Ctrl + Z，原先被删除的线将恢复原状。检查 Undo 操作是否成功，重新编译工程（Project→Compile PCB Project）来检查错误。这时 Messages 中便会显示没有错误。在菜单中选择 View→Fit All Objects，或者使用快捷键 V \ F，来恢复原理图预览并保存没有错误的原理图。保存工程文件。现在已经完成了设计并且检查过了原理图，可以开始创建 PCB 了。

三、创建一个新的 PCB 文件

1. 用 PCB 板向导创建一个新的 PCB

在将原理图设计转变为 PCB 设计之前，需要创建一个新的 PCB 和至少一个板外形轮廓（board outline）。在 Protel DXP 中创建一个新的 PCB 的最简单的方法就是运用 PCB 板向导，它可让您根据行业标准选择自己创建的自定义板的大小。在任何阶段，都可以使用后退按钮检查或修改该向导的之前页面。

（1）创建一个新的 PCB，点击 PCB Board Wizard，在 Files 底部的 New from Template 选项内点击 PCB Board Wizard 部分。如果在屏幕上没有显示此选项，鼠标点击向上箭头图标关闭一些上层上面的选项。

（2）打开 PCB Board Wizard 向导界面，单击下一步继续。

（3）设置测量单位 Imperial，例如 1000mil = 1in。

（4）向导的第三页可选择需要的板纲要形。本页将确定我们自己的电路板尺寸。从板纲要形列表中选择 Custom，并点击下一步。

（5）在下一页，输入自定义板的选项。对于例子给出的电路，2in × 2in 的板便足够了。在 Width 和 Height 中选择 Rectangular 和 type 2000。取消选择 Title Block&Scale，Legend String 和 Dimension Lines，单击 Next 继续。

（6）此页用于选择板的层数。例子中的电路需要两层信号层而并不需要电源层。单击 Next 继续。

（7）选择 thruhole vias only 设置设计中的孔类型，并点击 Next。

（8）下一页用于设置元件→布线选项。选择 Through – hole components 选项并设置 One Track 与临近焊盘之间可以通过的线的数量，单击 Next。

（9）下一页用于设置一些设计规则，如线的宽度和孔的大小。离开选项则设置为默认值，单击下 Next。

（10）单击 Finish。PCB Board Wizard 已经设置完所有创建新板所需的信息。PCB

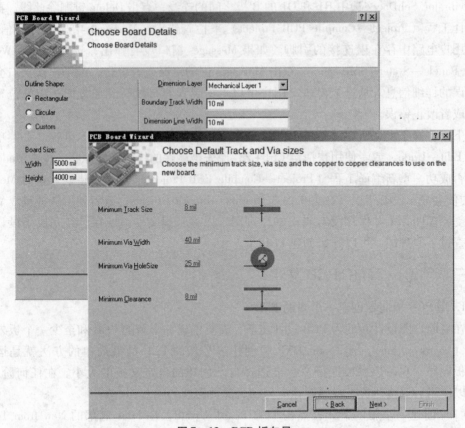

图 7 - 13　PCB 板向导

编辑器现在将显示一个新的 PCB 文件，名为 PCB1. PcbDoc。

（11）PCB 文件显示出一个预设大小的白色图纸和一个空板（黑色为底，带栅格），如图 7 - 14 所示。如果需要关闭，选择 Design→Board Options，并在板设置对话框中取消选择 Display Sheet。用户可以用 Protel DXP 的其他 PCB 模板来添加边界，栅格参考和标题。

（12）现在图纸已关闭，如需显示板的形状，选择 View→Fit Board（快捷键：V，F）。

（13）PCB 文件自动添加（连接）工程并被列在 Projects 中源文件里工程名的下方。通过选择 File→Save As 重新命名新的 PCB 文件（带 . PcbDoc 扩展名）。浏览到用户想存储 PCB 的位置，在 File Name 里键入文件名 multivibrator. PcbDoc，并点击 Save。

2. 在工程中添加一个新的 PCB

如果要将 PCB 文件作为自由文件添加到一个已经打开的工程中，则需在 Projects 中右键单击 PCB 工程文件，并选择 Add Existing to Project。选择新的 PCB 文件名并点击打开。现在 PCB 文件已经被列在 Project 下的 Source Documents 中，并与其他工程文件相连接。用户也可直接将自由文件拖拉到工程文件下。保存工程文件。

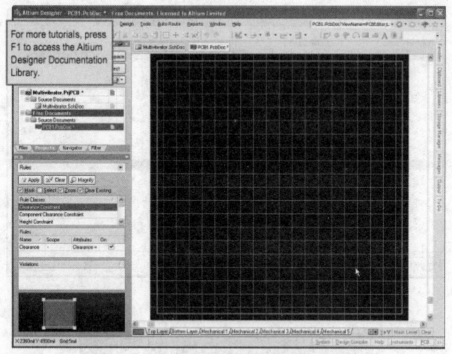

图 7 - 14 PCB 文件

3. 导入设计

在将原理图的信息导入到新的 PCB 之前，请确保所有与原理图和 PCB 相关的库是可用的。因为只有默认安装的集成库被用到，所以封装已经被包括在内。如果工程已经编译并且原理图没有任何错误，则可以使用 Update PCB 命令来产生 ECOs（Engineering Change Orders 工程变更命令），它将把原理图的信息导入到目标 PCB 文件。

4. 更新 PCB

将原理图的信息转移到目标 PCB 文件：

（1）打开原理图文件，multivibrator. SchDoc。

（2）选择 Design→Update PCB Document（multivibrator. PcbDoc）。该工程被编译并且工程变更命令对话框显示出来，如图 7 - 15 所示。

（3）点击 Validate Changes。如果所有的更改被验证，状态列表（Status list）中将会出现绿色标记。如果更改未进行验证，则关闭对话框，并检查 Messages 框更正所有错误。

（4）点击 Execute Changes，将更改发送给 PCB。当完成后，Done 那一列将被标记。

（5）单击 Close，目标 PCB 文件打开，并且已经放置好元器件，结果如图 7 - 16 所示。

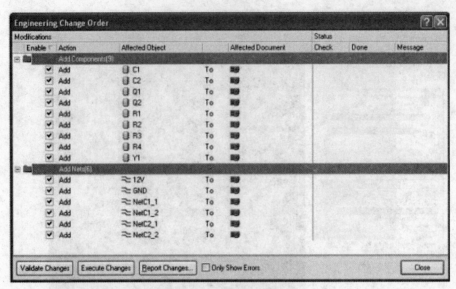

图 7－15　信息导入

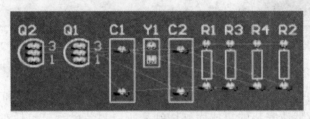

图 7－16　元器件封装放置完成

第三节　印制电路板（PCB）的设计

一、对 PCB 工作环境的设置

在我们开始摆放元器件在板上之前，我们需要对 PCB 工作环境进行相关设置，例如：栅格、层以及设计规则。PCB 编辑工作环境允许 PCB 设计在二维及三维模式下表现出来。

1. 栅格设置

在开始摆放元器件之前我们必须确保我们的所用栅格的设置是正确的。所有放置在 PCB 工作环境下的对齐的线组成的栅格称为 snap grid 捕获栅格。此栅格需要被设置以配合用户打算使用的电路技术。我们的教程中的电路使用具有最小的针脚间距100mil 的国际标准元器件。我们会设定 snap grid 为最小间距的公因数，例如 50mil 或25mil，以便使所有的元器件针脚可以放置在一个栅格点上。此外，我们的板的线宽和安全间距分别是 12mil 和13mil（为 PCB Board Wizard 所用的默认值），最小平行线中心距离为 25mil。因为：最合适 snap grid 的设置是 25mil。

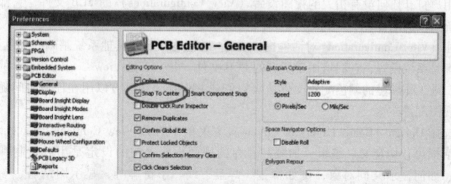

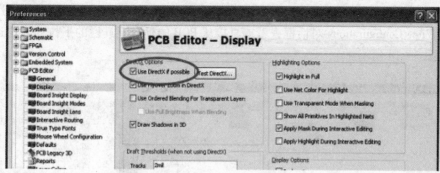

图 7-17　栅格的设置

设置 snap grid 需完成以下步骤：

选择 Design→Board Options 打开板 Options 对话框。利用下拉列表或输入数字设置 Snap Grid 和 Component Grid 的值为 25mil。请注意，此对话框也可以用来界定 Electrical Grid。

选择 Tools→Preferences 打开偏好设定对话框。按下 PCB Editor – General 在对话框中的选择树（左侧面板）显示 PCB Editor – General 的页面。在编辑 Options 部分，确保 Snap to Center 的选项是启用的。这可确保当您"拖拉"一个元器件并放置它的时候，光标是设定为元器件的参考点。

点击 PCB Editor→Display。在 DirectX Options 部分的页面，选中 Use DirectX if possible 的选项。如图 7-17 所示。这将使我们能够利用最新的 3D 视图模式。按下 OK 关闭 Preferences 设定对话框。

注：Protel DXP 的 3D 视图模式，需要 DirectX 9.0c 的和 Shader Model 3 或更高版本上运行，以及一个合适的图形卡。不能运行 DirectX 的用户将被限制使用三维视图。

2. 定义层堆栈和其他非电气层的视图设置

View Configurations 包括许多关于 PCB 工作区二维及三维环境的显示选项和适用于 PCB 和 PCB 库编辑的设置。保存任何 PCB 文件时，最后使用的视图设置也会被随之保存。这使得它可被 Protel DXP 的另一个使用其关联视图设置的实例所调用。视图设置

（View Configurations）也可以被保存在本地和被使用，并用于任何时候的任何 PCB 文件。用户打开任何没有相关的视图设置（View Configurations）的 PCB 文件，它都将使用系统默认的配置。

注：View Configurations 对话框提供层的二维色彩设置和其他系统基础的颜色设置，这些都是系统设置，它们将用于所有的 PCB 文件，并且不是 View Configurations 的一部分。二维工作环境的颜色配置文件也可以创建并保存，并可被以用在任何时间随时调用，视图配置亦然。

选择 Design→Board Layers & Colors 从主菜单中打开 View Configurations 对话框。此对话框可让您定义、编辑、加载和保存的视图设置。它的设定是用以控制哪些层显示、如何显示共同对象，例如覆铜、焊盘、线、字符串等，显示网络名、参考标记、透明层模式、单层模式、三维表面透明度和颜色及三维 PCB 整体显示。用户可以使用 View Configurations 对话框查看或直接从 PCB 的标准工具栏的下拉列表中选择它们，如图 7 - 18 所示。

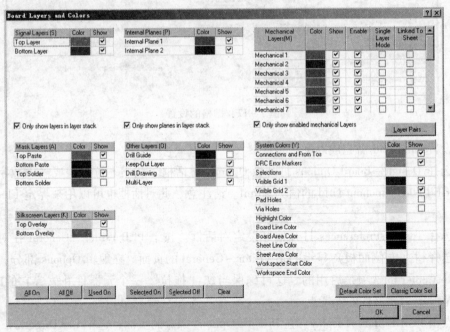

图 7 - 18　视图设置

如果用户看 PCB 工作区的底部，用户会看到一系列层的标签，用户执行的大部分编辑动作都在某一层。

PCB 编译器中有三种层：

Electrical Layers——其包括 32 个信号层和 16 个内电层。电气层可以在 Layer Stack Manager 对话框中添加或移除，选择 Design→Layer Stack Manager 来显示它。

Mechanical Layers——它有 16 个决定板的形状、尺寸的普通机械层（General Purpose Mechanical Layers），包括制作的细节或任何其他机械设计的细节要求。这些层可以有选择性地包括在打印输出和 Gerber 的输出中。您可以在 View Configurations 对话框中添加、删除和命名机械层。

Special Layers——其包括顶部和底部的丝网印制层、阻焊接层和粘贴层的蒙版层、锡膏层、钻孔层、Keep – Out 层（用来界定电气界限的），多综合层（用于多层焊盘和过孔），连接层、DRC 错误层，栅格层和过孔洞层。

选择 Design→Board Layers & Colors 打开 View Configurations 对话框。打开对话框，在 Select PCB View Configuration 下选择动作配置。如果用户在三维模式下，点击二维的配置。在 Board Layers & Colors 页面中，选择 Only show layers in layer stack 和 Only show enabled mechanical layers 选项。这些设置显示只有在堆栈中的层。单击在页面上的 Used Layers On 按钮。令其只显示正被使用的层，即有设计在上面的层。

单击颜色紧邻 Top Layer 显示 2D System Colors 对话框并从 Basic 颜色列表中选择#7（黄色）。单击 OK 以返回 View Configurations 对话框。

单击颜色紧邻 Bottom Layer 显示 2D System Colors 对话框并从 Basic 颜色列表中选择#228（亮绿色）。单击 OK 以返回 View Configurations 对话框。

单击颜色紧邻 Top Overlay 显示 2D System Colors 对话框并从 Basic 颜色列表中选择#233（白色）。单击 OK 以返回 View Configurations 对话框。

确定这四个 Mask 层和 Drill Drawing 层不会被确定的每个层的 Show 选项屏蔽显示。

在 Actions 选择中，单击 Save As view configuration 并保存文件如 tutorial. config_2dsimple。单击 OK 当用户返回 View Configurations 对话框以应用所作改变及关闭对话框。

注：记得 2D 层颜色设定是基于系统的、将应用于所有 PCB 文件，并不是任何视图文件的一部分。用户可以创建、编辑和保存 2D 颜色设置文件从 2D System Color 对话框中。

3. Layer Stack Manager（层堆栈管理）

本章中的例子是一个简单的设计，可以用单层板或者双层板进行布线。如果设计较为复杂，用户可以通过 Layer Stack Manager 对话框来添加更多的层。

（1）选择 Design→Layer Stack Manager，显示层堆栈管理对话框，如图 7 – 19 所示。

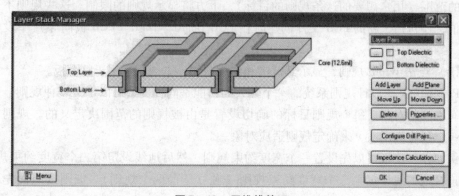

图 7 – 19 层堆栈管理

（2）新的层将会添加到当前选定层的下方。层电气属性，如铜的厚度和介电性能，将被用于信号完整性分析。单击 OK 以关闭该对话框。

4. 设置新的设计规则

PCB 编辑器是一个以规则为主导的环境，这意味着，在用户改变设计的过程中，如画线、移动元器件或者自动布线，Protel DXP 都会监测每个动作，并检查设计是否仍然完全符合设计规则。如果不符合，则会立即警告，强调出现错误。在设计之前先设置设计规则可以让用户集中精力设计，因为一旦出现错误软件就会提示。

设计规则总共有 10 类，进一步化分为设计规则的类型。设计规则，包括电气，布线、工艺、放置和信号完整性的要求。

现在来设置新的设计规则，指明电源线必需的宽度。具体步骤如下：

（1）激活 PCB 文件，选择菜单中的 Design→Rules。

（2）如图 7-20 所示，PCB 规则和约束限制编辑器对话框就会出现。每个规则类显示在对话框左边 Design Rules 文件夹的下面。双击 Routing 扩展，看到相关的布线规则，然后双击 Width，显示宽度规则。

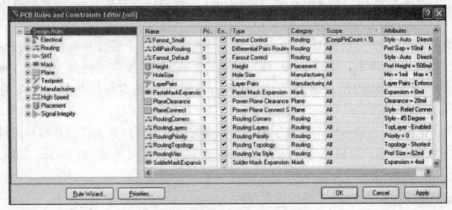

图 7-20 设计规则

（3）点击选择每条规则。当用户点击每条规则时，右边的对话框的上方将显示该规则的范围（用户想要的这条规则的目标），下方将显示规则的限制。这些规则不仅是预设值，还包括了新的 PCB 文件创建时在 PCB Board Wizard（PCB 板向导）中设置的信息。

（4）点击 Width 规则，显示其范围和约束限制。本规则适用于整个板。

Protel DXP 的设计规则系统的一个强大的功能是同种类型可以定义多种规则，每个目标有不同的对象。每个规则目标的确切设置是由被规则的范围决定义的。规则系统使用一个预定义层次，来确定规则适应对象。

例如，一块板可以先设置一个宽度约束规则，然后地线设定第二个宽度约束规则，某些连接地的线设定第三个宽度约束规则（独立于前两个规则）。规则按照优先顺序显示。

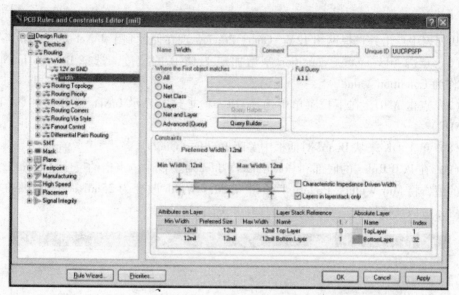

图 7 - 21　设置 Width 规则

目前，已经有一个宽度约束规则适用于整个板（宽度 = 12mil）。现在将为 12V 和 GND 网络添加一个新的宽度约束规则（宽度 = 25mil）。添加新的宽度约束规则，步骤如下：

（1）找到 Design Rules 文件夹下的 Width，点击右键选择 New Rule 来添加一个新的宽度约束规则，只设置 12V 网络。

命名为 width_ 1 的一项新的规则出现了。在 Design Rules 文件夹中点击新规则，来修改线宽的范围和约束。

（2）在 Name 里键入 12V 或 GND。当单击返回时，名称会在 Design Rules 里自动更新。

（3）下一步使用 Query Builder 来设置规则的范围，也可以随时在范围内直接键入。如果用户觉得 Query 比较复杂，可以选择 Advanced 选项，单击 Query Helper 按钮来使用 Query Helper 对话框。

（4）点击 Query Builder 按钮，在 Board 对话框中打开 Building Query。

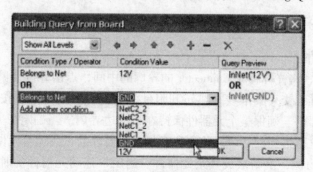

图 7 - 22　设置规则的范围

（5）点击 Add first condition，从下拉菜单中选择 Belongs to Net。在 Condition Value 中，从列表中点击并选择网络 12V。Query Preview 现在便读到了 InNet（"12v"）。

（6）点击 Add another condition 来增加定义 GND 的宽度。选择 Belongs to Net 和 GND 作为 Condition Value。

（7）点击 AND，在下拉菜单中选择 OR。检查预览显示 InNet（"12v"）OR InNet（"GND"）。

（8）单击 OK 来从 Board 对话框中关闭 Building Query。

（9）在 PCB Rules 的底部和 Constraints Editor 对话框中，点击约束值（10mil）并键入新的值，将 Min Width，Preferred Width 和 Max Width 改变为 25mil。新规则现在已经被设置，可以选择设置其他规则或者保存并关闭对话框。

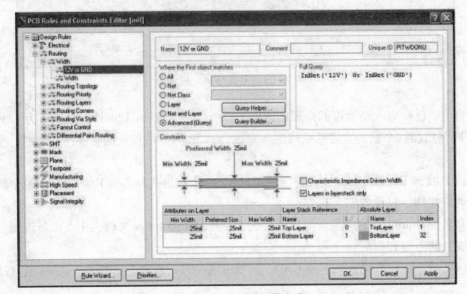

图 7-23　新规则设置完成

（10）最后，点击编辑原来的规则命名宽度（范围设定为所有），并确认 Min Width，Preferred Width 和 Max Width 都设置为了 12mil。单击 OK 关闭该对话框。当手工布线或者自动布线时，所有的线将会是 12mil 宽，除了 GND 和 12V 是 25mil 宽。

二、在 PCB 上摆放元器件

1. 摆放元器件

摆放排针 Y1，将光标移到 Connector 的轮廓的中间，点击并按住鼠标左键。光标将变更为一个十字准线交叉瞄准线并跳转到附件的参考点。同时继续按住鼠标按钮，移动鼠标拖动的元器件。确保整个元器件保持在板的边界内。当确定了元器件的位置后，释放鼠标按键让它落进当前区域。值得注意的是元器件的飞线随着元件被拖动的情况。

以图 7-24 为例，重新摆放其余元器件。当用户拖动元器件的时候可用空格键进行必要的旋转（每次向逆时针方向转 90°）。不要忘记，当用户在摆放每一个元器件的时候要重新优化飞线。

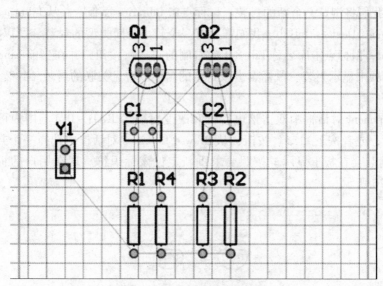

图 7 - 24　元器件放置在板上

元器件文字可以通过相类似的方式重新摆放——点击并拖拉文字，及按下空格键进行旋转。Protel DXP 同时包括强大的互动摆放的工具。让我们使用这些以确保四个电阻器是有较佳的对齐和空间。

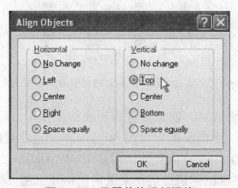

图 7 - 25　元器件的重新摆放

按住 Shift 键，分别单击四个电阻器进行选择，或者点击并拖拉选择框包围四个电阻器。选择框会显示在每个选定且颜色设置为系统所选颜色的元器件周围。要改变这种颜色的设置，选择 Design→Board Layers & Colors。

点击右键并选择 Align→Align。在 Align Objects 对话框中，在 Horizontal 选项点击 Space Equally 并在 Vertical 选项中点击 Top。四个电阻现在对齐并有同样间隔。在设计窗口中单击其他地方，取消选择所有电阻。

2. 改变封装

现在那些我们放置好的封装里，电容的封装相对于我们的要求太大，让我们把它的封装改成更小的。

首先，我们将浏览一个新的封装。鼠标点击 Libraries 面板，并从 Libraries 列表中选择 Miscellaneous Devices. IntLib。我们需要有一个较小径向类型的封装，所以在 Filter 区域内输入 rad，鼠标点击库名称 Lib Ref 的右侧的 "…" 按钮，并在当前 Library 中选择 Footprints 选项来显示封装。鼠标点击该封装的名字以看见关联的封装。封装 RAD－0.1 就合适了。

在 Component 对话框中双击该电容器和改变封装为 RAD－0.1。用户可以键入新的封装名称，或者按下 "…" 按钮，从 Browse Libraries 对话框中选择一个封装。单击 OK，新的封装会在板上显示。按照要求重新定位该标识符。现在用户的板应看起来就像图 7－26 所示。

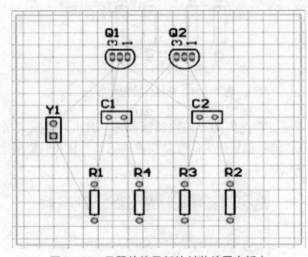

图 7－26　元器件使用新的封装放置在板上

在所有元器件都摆放好后，就需要进行布线的工作了。可以在 PCB 文件中，使用组合 Ctrl 键和箭头键（纵向或横向）或 Ctrl、Shift 和箭头键移动选定的物体。选择对象的移动基于 Board Options 对话框（Design→Board Options，快捷键：D，O）中的当前 Snap Grid 设置。您可以使用对话框来设定网格预置值。使用快捷键 G 来遍历不同的 snap grid 的设置值。用户也可以使用 View→Grids 子菜单或 Snap Grid 右键点击菜单来完成。

被选择的对象可以在按住 Ctrl 键的同时按箭头键少量地移动（根据目前的 Snap Grid 值）。被选择的对象也可以在按住 Ctrl 和 Shift 键的同时按箭头键来实现大幅度的移动（Snap Grid 值的 10 的倍数）。

三、手动布线

布线是在板上通过走线和过孔以连接组件的过程。Protel DXP 通过提供先进的交互式布线工具以及 Situs 拓扑自动布线器来简化这项工作，只需轻触一个按钮就能对整个板或其中的部分进行最优化走线。

　　而自动布线提供了一种简单而有力的布板方式，在有的情况下，用户将需要精确的控制排布的线，或者用户可能想享受一下手动布线的乐趣！在这些情况下您可以手动为部分或整个板子布线。在这一节的教程中，我们将手动对单面板进行布线，将所有线都放在板的底部。交互式布线工具可以以一个更直观的方式，提供最大限度的布线效率和灵活性，包括放置导线时的光标导航、接点的单击走线、推挤或绕开障碍、自动跟踪已存在连接等，这些操作都是基于可用的设计规则进行的。

　　我们现在在 "ratsnest" 连接线的引导下在板子底层放置导线。

　　在 PCB 上的线是由一系列的直线段组成的。每一次改变方向即是一条新线段的开始。此外，默认情况下，Protel DXP 会限制走线为纵向、横向或 45°的方向，让您的设计更专业。这种限制可以进行设定，以满足用户的需要，但对于本书，我们将使用默认值。

　　用快捷键 L 以显示 View Configurations 对话框，其中可以使能及显示 Bottom Layer。在 Signal Layers 区域中选择在 Bottom Layer 旁边的 Show 选项。单击 OK，底层标签就显示在设计窗口的底部了。

　　在菜单中选择 Place→Interactive Routing 或者点击 Interactively Routing connection 按键。光标将变为十字准线，显示用户是在线放置模式中。

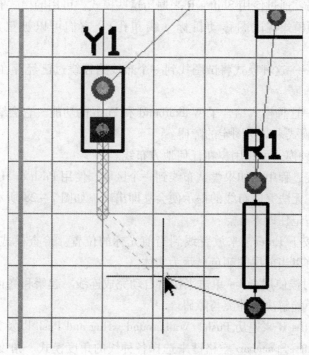

图 7 - 27　手动布线

　　检查文档工作区底部的层标签，Top Layer 标签当前应该是激活的。通过按下"＊"键可以在不退出走线模式的情况下切换到底层。此键在可用信号层中循环。激活 Bottom Layer 标签，将光标定位在排针 Y1 较低的焊盘。点击或按下 Enter，以确定线的第一点起点。

　　将游标移向电阻 R1 底下的焊盘。注意：线段是如何跟随光标路径来在检查模式中显示的（如图 7－27 所示）。检查的模式表明它们还没被放置。如果用户沿光标路径拉回，未连接线路也会随之缩回。在这里，用户有两种走线的选择：

　　Ctrl＋单击使用 Auto－Complete 功能，并立即完成布线（此技术可以直接使用在焊盘或连接线上）。起始和终止焊盘必须在相同的层内布线才有效，同时还要求板上的任何的障碍不会妨碍 Auto－Complete 的工作。对较大的板，Auto－Complete 路径可能并不总是有效的，这是因为走线路径是一段接一段地绘制的，而从起始焊盘到终止焊盘的完整绘制有可能根本无法完成。

　　使用 Enter 或点击来接线，用户可以直接对目标 R1 的引脚接线。这种方法为走线提供了控制，并且能最小化用户操作的数量。未被放置的线用虚线表示，被放置的线用实线表示。

　　使用上述任何一种方法来为板上的其他元器件之间布线。图 7－27 显示了一个手工布线的板。

　　Protel DXP 的交互式布线工具提供了可以用来解决布线时的冲突与障碍的功能。在交互式布线模式下，通过使用 Shift＋R 来遍历这些模式。可用的模式有：

　　Push——这种模式将试图移动目标（线和孔），它们可以被重定位来适应新的布线。

　　Wwalkaround——这种模式将试图找到一个布线路径绕过已经存在的障碍而不去移动它们。

　　Hug&Push——这种模式结合了 Walkaround 和 Push 的功能。它会绕过障碍，然而也会考虑采用 Push 模式来对待固定的障碍。

　　Ignore——这种模式可让用户在任何地方布线。

　　在交互式布线过程中，如果尝试布线到一个区域，使用 Push or Hug & Push 模式仍然无法完成布线，无法完成布线的提示便会立即出现，如图 7－28 所示。

　　布线的时候请记住以下几点：

　　（1）点击或按下 Enter，来放置线到当前光标的位置。检查模式代表未被布置的线，已布置的线将以当前层的颜色显示为实体。

　　（2）在任何时候使用 Ctrl＋单击来执行自动完成连线。起始和终止引脚必须在同一层上，并且没有不能解决的冲突与障碍。

　　（3）利用 Shift＋R 来遍历 Push、Walkaround、Hug and Push 以及 Ignore 模式。

　　（4）使用 Shift＋Spacebar/空格键来选择各种线的角度模式。角度模式包括：任意角度、45°、弧度 45°、90°和弧度 90°。按空格键切换角度。

　　（5）在任何时间按 End 键来刷新屏幕。

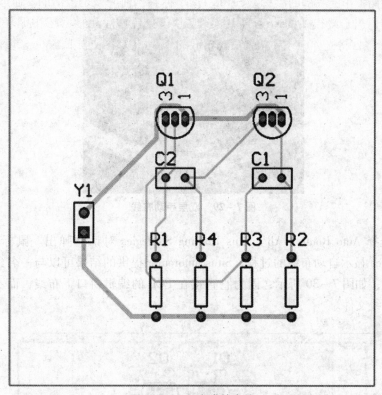

图 7-28 已完成的布线

（6）在任何时间使用 V，F 重新调整屏幕以适应所有的对象。

（7）在任何时候按 Page Up 和 Page Down 键，以光标位置为核心，来缩放视图。使用鼠标滚轮向左边和右边平移。按住 Ctrl 键，用鼠标滚轮来进行放大和缩小。

（8）按 Backspace 键，来取消放置上一条线。

（9）当用户完成布线并希望开始一个新的布线时，右键单击或按下 Esc 键。

（10）防止不小心连接了不应该连接在一起的引脚。Protel DXP 不断地监察板的连通性，并防止用户在连接方面的失误。

（11）要删除线，单击选择它。它的编辑操作就会出现（其余的线将突出）。按下 Delete 键来清除所选的线段。

（12）重布线是非常简便的——当用户布置完一条线并右击完成时，多余的线段会被自动清除。

（13）完成 PCB 上的所有连线后，如图 7-29 所示，右键单击或者按下 Esc 键以退出防止放置模式。

四、板的自动布线

完成以下步骤，用户会发现使用 Protel DXP 软件的自动布线功能是如此的方便。

（1）首先，选择取消布线，Tools→Un-Route→All。

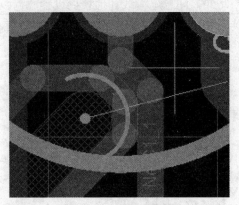

图 7 - 29 双层手动布线

（2）选择 Auto Route→All。Situs Routing Strategies 对话框弹出。鼠标点击 Route All。Messages 显示自动布线的过程。Situs autorouter 提供的结果可以与一名经验丰富的设计师相比，如图 7 - 30 所示，因为它直接在 PCB 的编辑窗口下布线，而不用考虑输入和输出布线文件。

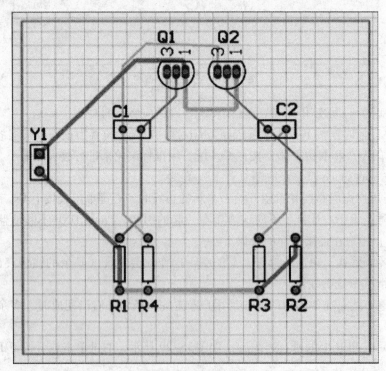

图 7 - 30 自动布线

（3）选择 File→Save 来储存用户设计的板。

注：线的放置由 Autorouter 通过两种颜色来呈现：红色表明该线在顶端的信号层；蓝色表明该线在底部的信号层。要用于自动布线的层在 PCB Board Wizard 中的 Routing

Layers 设计规则中指定。此外，注意电源线和地线要设置的宽一些。

如果设计中的布线与图 7 – 29 所示的不完全一样，也是正确的，因为元器件摆放位置不完全相同，布线也会不完全相同。

因为最初在 PCB Board Wizard 中确定我们的板是双面印制电路板，用户可以使用顶层和底层进行手工布线。为此，从菜单中选择 Tools→Un – Route→All 来取消布线。和以前一样开始布线，在放置线的时候使用 " ∗ " 键来切换层。Protel DXP 软件在切换层的时候会自动的插入必要的过孔。

注意：由自动布线器完成的布线将显示两种颜色：红色（表示顶部信号层布线）和蓝色（表示底层信号层布线）。可用于自动布线的信号层定义是符合 PCB Board Wizard 中的布线层设计规则约束。还要注意两个电源网络布线更宽的间隔符合两种线宽规则约束。不必担心，如果布线设计不完全如上图所示的一样，器件摆放的位置将不会完全一样，也可能是不同的布线样式。

第八章　PCB 元件的绘制

建立一个封装，可以在 PCB 编辑器中建立封装然后复制到一个 PCB 库中，也可以在 PCB 库中相互复制，或者用 PCB 库编辑器的 PCB 元件向导或画图工具。如果你已经在一个 PCB 设计中放好了所有的封装，可以在 PCB 编辑器中执行 Design→Make PCB Library 命令生成一个只包含这些封装的 PCB 库。Protel DXP 同时拥有可以在 PCB 设计中使用的全面的包括预定义了过孔或贴片元件封装的库。在你的 Protel DXP 安装路径下的 Altium \ Library \ PCB 文件夹中存储了这些封装库。

第一节　创建新的 PCB 库

（1）执 行 File → New → PCBLibrary 命令。在设计窗口中显示一个新的名为 "PcbLib1. PcbLib" 的库文件和一个名为 "PCBComponent_ 1" 的空白元件图纸。

（2）执行存储命令，将库文件更名为 "PCBFootprints. PcbLib" 存储。

（3）点击 PCBLibrary 标签打开 PCB 库编辑器面板。

（4）现在可以使用 PCB 库编辑器中的命令添加，移除或者编辑新 PCB 库中的封装元件了。

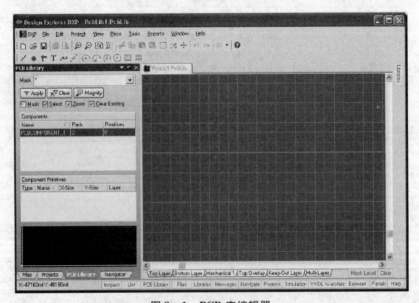

图 8－1　PCB 库编辑器

第二节　使用 PCB 元件向导

PCB 库编辑器包含一个元件向导，基于对一系列向导设置问题的回答，它可以创建一个用户元件封装。我们将用向导建立一个 DIP14 封装。其步骤如下：

（1）执行 Tools→New Component 命令或者在 PCB 库编辑器中点击 Add 按钮。元件向导自动开始，点击 Next 按钮进行向导流程。

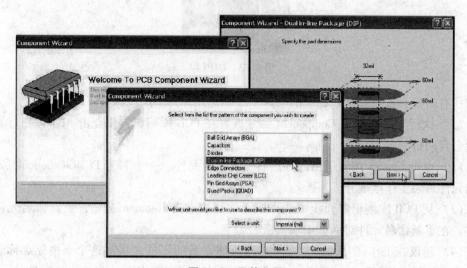

图 8 - 2　元件向导

（2）选择已存在的选项来回答一些问题。创建我们的 DIP14 封装，选择 Dual in - line Package（DIP）模板，英制单位，外径 60mil 内径 32mil 的焊盘（选中并输入尺寸），焊盘间距水平为 300mil，垂直为 100mil，然后剩下的选项全部用默认值直到需要你定义所要求的焊盘数。根据我们的要求输入 14。

（3）点击 Next 直到最后一页然后点击 Finish。名为 DIP14 的新的封装将出现在 PCB 库编辑面板的元件列表中，新的封装出现在设计窗口。现在你可以根据要求进一步调整元件。

（4）执行存储命令存储这个带有新元件的库。

第三节　手工创建元件封装

在 PCB 库编辑器中创建和修改封装使用一套和在 PCB 编辑器中使用的一样的工具及设计对象。任何东西，如角度标识、图片目标及机械说明，都可以作为 PCB 封装存储。建立一个元件封装，我们要用线段及圆弧来画它的外形，用焊盘来构建元件的引脚连接。设计对象可以被安排在任意的层，然而通常我们将元件封装的外形放在丝印层，焊盘放在信号层。当你将一个元件封装作为一个元件摆放在 PCB 文件中时，封装

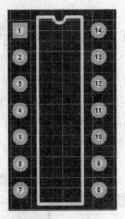

图 8-3　DIP14

中的所有对象会被分配到它相应的层。手工创建元件封装的步骤如下：

（1）执行 Tools→New Component 命令或者在 PCB 库编辑器里点击 Add 按钮。元件向导会自动打开。

（2）点击 Cancel 按钮退出向导然后手工创建元件。一个名为 PCBComponent_2 的空的元件封装工作区展开。

（3）从 PCB 库编辑器面板中选择该元件然后点击 Rename 按钮，重新命名元件的名字。在重新命名元件对话框中输入新的名字。

（4）建议在工作区（0，0）参考点附近建立新的元件，通常这个点由原点标志标示出来。执行 Edit→Jump→Reference 命令将指针定位到工作区（0，0）坐标处。

当你摆放元件时，参考点是你捕捉元件的点。一般典型的参考点是元件的焊盘 1 的中心或者是元件的几何中心。参考点可以用 Edit→Set Reference 命令的子选项来随时设置。

一、在新的封装上摆放焊盘

摆放焊盘是创建一个新的元件过程中很重要的程序，焊盘用于将元件焊接到 PCB 板上。焊盘必须放置到准确的位置以便正确地对应物理器件的相应引脚。放置焊盘步骤如下：

（1）在摆放焊盘前，点击设计窗口下方的 Top Layer 标签。

（2）执行 Place→Pad 命令或者点击"放置焊盘"工具条按钮。一个焊盘会浮在指针上。摆放第一个焊盘前，按下 Tab 键以设置焊盘属性。弹出焊盘对话框。

（3）根据需要改变焊盘尺寸和外形，然后将标识符设置为 1（以符合元件引脚编号），点击 OK。

（4）移动指针定位到原点（0，0），鼠标左击或者按下 Enter 键，放置第一个焊盘的中心。

（5）在摆放下一个焊盘前，按下 Tab 键作其他的改变。注意焊盘的标识符自动增加。

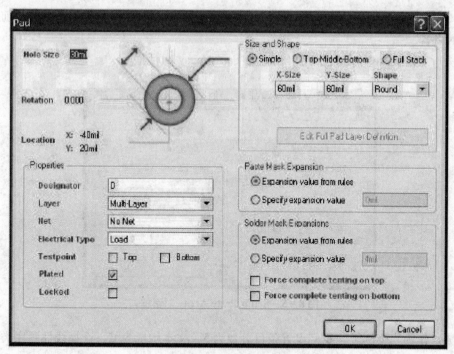

图 8 - 4 焊盘对话框

（6）右击鼠标或者按下 Esc 键退出摆放焊盘模式。

（7）存储封装。

二、焊盘标识符和顺序粘贴

焊盘可以用最多四个中间无间隔的字母及数字标识符来标注（通常标注为引脚编号）。如果需要，标识符也可以是空白。如果标识符以数字开头或结尾，当你连续摆放一系列焊盘时，数字会自动增加。为了达到字母增加的目的，例如1A，1B 或者要数字不是以 1 为增量增加可以使用粘贴顺序功能。设置好焊盘先将它复制到粘贴板然后设置粘贴顺序对话框中的增量栏下面，这些类型的焊盘标识符序列会出现：

- 数字顺序（1，3，5）
- 照字母次序（A，B，C）
- 字母与数字联合（A1 A2，1A 1B，A1 B1 或 1A 2A 等）

将你希望的数字增量设置到文本增量栏里，数字会自动增加。将你希望跳过的字母数以及字母表中的字母设置到文本增量栏里，字母将按顺序增加。例如，如果首个焊盘标识符为1A，设置文本增量框内容为 A，标识符增量为1。设置文本增量栏内容为 C，标识符将会是 1A，1D，1C 等。

（1）根据需要的标识符创建首个焊盘，例如1A。将这个焊盘复制到粘贴板。点击焊盘中心定义复制参考点。

（2）执行 Edit→Paste Special 命令。弹出 Past Special 对话框。选择粘贴到当前层且保留网络名。

（3）点击 Paste Array 按钮弹出 Setup Paste Array 对话框。

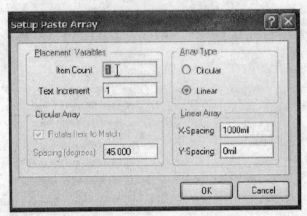

图 8 – 5　Setup Paste Array 对话框

（4）作为一个例子，我们设置条目总数为 5，文本增量为 C，选择线性顺序类型和为复制的焊盘选择适当的排列空间然后点击 OK。

（5）左击放下这个排列。检查焊盘标识符是否按照所期望的增加。

三、画一个新封装的外形

我们要在丝印层创建封装外形以便于在加工 PCB 过程中的丝印层包含这个封装的外形。外形是加工过程中的向导，焊盘才是至关紧要的。

（1）在你画线前，点击设计窗口下方的 Top Overlay 层标签。

（2）参考封装的加工说明书。按下 Q 键设置坐标单位从 mils 转换到 mm。查看屏幕左下方的坐标状态以确定你在何种测量模式下（mils 或者 mm）。同样也要设置栅格。

（3）用线段工具在 Top Overlay 层上创建元件外形。执行 Place. Line 命令或者点击 Place Line 按钮。

（4）左击确定封装上部分线段的起点。

（5）按下 Tab 键设置线宽，在线条约束对话框检查层信息。

（6）左击创建外形线段然后右击结束这一系列相连的线段。

（7）右击或按下 Esc 键退出线段摆放模式。

四、放置标识和注释字符

如果你需要在将元件放置到 PCB 图纸前控制它们的层、位置及文本属性，你可以在 PCB 库编辑器里向该封装添加特殊字符、标识符和注释。这些特殊字符作为典型标识符和注释的附加，当在 PCB 图纸中摆放元件时可以在注释对话框的标识符栏及注释栏选择隐藏选项将它们隐藏。（如果需要的话，这些特殊字符被放在装配图的机械层中。显示所需的机械层，执行 Tools. Mechanical Layers 命令。在板层和颜色对话框里点击 Enable 和机械层名字旁边的 Show 按钮。)

（1）点击设计窗口下方的机械层标签激活这一层。标签被高亮显示并且所有的新文本都将被放到这一层。

（2）执行 Place. String 命令或者点击 Place String 按钮。

（3）摆放字符前，按下 Tab 键输入该字符并且定义它的属性（例如字体、尺寸及层），字符对话框打开，在文本下拉框中选择 Designator。将文本高度设置为 60mil，字线条宽度设置为 10mil，然后点击 OK。

（4）现在我们可以摆放这个字符串。将它定位到所需的位置然后点击鼠标左键。

（5）用上面同样的过程摆放 . Comment 特殊字符。

（6）右击鼠标或者按下 Esc 键退出摆放字符模式。

如果要求当封装摆放到 PCB 文件中时这些文本不显示，可在 PCB 编辑器的属性对话框中转换特殊字符选项选为 Display。

五、给封装加上高度

要给你的封装加上高度信息，在 PCB 库面板中的元件列表里双击该封装弹出 PCB 库元件对话框。在高度栏里输入建议的高度值然后点击 OK。

第四节　使用不规则焊盘创建封装

你可以通过不间断的焊盘形状创建不规则的焊盘，如接下来的第一个例子 SOT89，或者添加一个简单的到焊盘的连接，当元件放到 PCB 文档中时它们会被链接到焊盘的网络上。这部分指南着眼于如何创建一个表面贴封装 SOT89，如何在一个元件封装中包含一个原始布线信息以及如何创建同一个引脚连接到多个连接点的封装。SOT89 的制造规格以公制为单位，下面是它的摘要。

如果需要的话，按下 Q 键将坐标单位定为 mm。查看 DXP 窗口下方的坐标状态栏确定你处于何种单位坐标模式下。确定你将栅格设置为公制，执行 Tools. Library Options 改变可视栅格和捕捉栅格。将捕捉栅格设置为 1mm，可视栅格设置为 10mm。

一、摆放焊盘

创建元件封装 SOT89 时，将引脚 1 的中心作为封装的参考原点，也就是说，引脚 1 的中心作为原点，因此将焊盘 1 的坐标放在坐标点（0，0）。

（1）要将焊盘放在封装的顶层，先执行 Place. Pad 命令或点击 Place Pad 按钮。按下 Tab 键定义焊盘的属性。确定层设置为顶层，标识符设置为 1（为匹配元件引脚编号）及孔径设置为 0mil，点击 OK。

（2）定位指针然后左击鼠标放下这三个焊盘。标识符会自动增加。右击鼠标或按下 Esc 键退出焊盘摆放模式。修改焊盘 2，将它延长并摆放到能与焊盘 0 相接的位置。

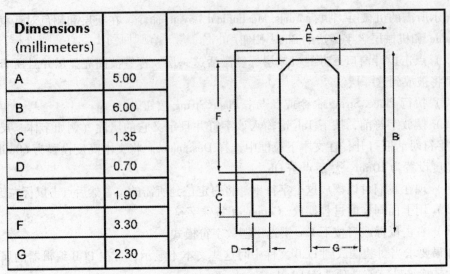

Dimensions (millimeters)	
A	5.00
B	6.00
C	1.35
D	0.70
E	1.90
F	3.30
G	2.30

图 8 - 6 SOT89 摘要

（3）最后摆放焊盘 0。在焊盘对话框中点开 Simple 并从 Shape 下拉列表中选择 Octagonal 设置焊盘尺寸和形状。

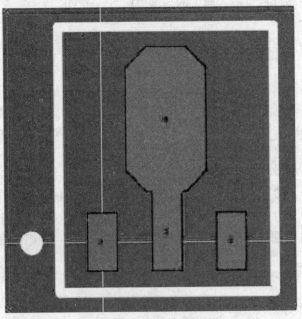

图 8 - 7 SOT89 封装

二、画元件外形

（1）点击设计窗口下方的 Top Overlay 标签，在 Top Overlay 层创建元件外形。执行 Place→Line 命令或者点击 Place→Line 按钮。

（2）鼠标左击定位外形框的第一个角。按下 Tab 显示线条约束对话框，设置宽度，检查层设置，然后点击 OK。点击左键确定外框的角，直到回到出发点完成外框。右击鼠标或者按下 ESC 键，退出摆放线条模式。

（3）对这个封装来说，在引脚 1 附近需要一个指示标志。在本例中，一个 Top Overlay 的圆放在焊盘 1 附近。对这个封装来说还需要一个切削边。执行 Place→Full Circle 命令或点击 Place Full Circle 按钮摆放这个圆。左击确定圆的中心。然后拖动十字设置圆的半径为 5mil。右击鼠标或者按下 Esc 键，退出圆环摆放模式。双击圆在弹出的圆弧对话框中将圆的线宽改为 10mil，从而建立了一个实心的圆。

三、查看焊接及阻焊面

在每一个焊盘的位置会分别自动的创建出焊接面和阻焊面。这些面的形状以焊盘形状为基础（相同），扩张还是收缩由 PCB 编辑器中的相应规则定义，或者在焊盘对话框中定义。

四、显示层

在 PCB 库编辑器里查看焊接面与（或）阻焊面是否被正确的自动生成。例子中，我们将打开焊接面。

（1）执行 Tools→Mechanical Layers 命令，在弹出的 Board Layers &Colors 对话框中点击 Mask Layers 选项旁的 Show 选择框，来使该层可见。

（2）现在在设计窗口的下方点击层标签，例如 Top Solder，就可以看到焊接面。使用 Shift + S 快捷键查看信号层模式下的层。

五、用设计规则设置面的扩展

如果你希望用设计规则设置面扩展，步骤如下：

（1）在焊盘对话框中的阻焊面扩展和（或）焊接面扩展栏选择规则中的扩展值。

（2）在 PCB 编辑器的菜单中执行 Design→Rules 命令设置规则，然后在 PCB 规则和约束编辑器对话框里检查或修正面类的设计规则。封装将遵从这些规则被摆放到 PCB 中。

六、指定面的扩展

要重新设置扩展设计规则和定义面扩展的步骤：

（1）在焊盘对话框的焊接面和（或）阻焊面栏选择 Specify expansion value 项。

（2）输入需要的值然后点击 OK。存储封装。

七、在一个元件封装中原始布线

库中的元件封装也可以包含如走线以及在信号层摆放圆弧等的原始布线。在下面的例子中 SOT89 封装包含一个作为网络连接一部分的原始对象（一个很宽的连接到焊盘 2 的线），也是一个矩形焊盘。这也是我们在这个指南早先的部分用来设置一个不规则的八角形焊盘的方法。

如果你手工将这个封装放置到板子上，只有焊盘会继承相应的一个网络名。其他信号层上的原始部分将会作为 DRC 错误显示，如我们创建的在封装内部的走线圆弧和其他填充。如果 DRC 不正确，你可能要通过移动元件来强制在线 DRC。

网络名在任何时候都可以被用到 PCB 文档中元件内部的原始布线上。要为 PCB 文档中已经摆放的封装中内的原始走线分配网络，步骤如下：

（1）执行 Design→Netlist→Update Free Primitives from Component Pads 命令，在 PCB 编辑器菜单中。

（2）预布线的网络名可以再次与它相连的焊盘网络名同步，也就是说，这个命令将使预布线同与它相接的焊盘连接到同一个网络。

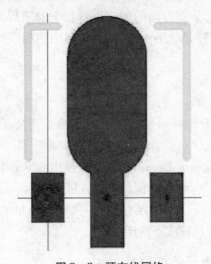

图 8-8　预布线网络

下面的 TO-3 晶体管封装在一个引脚上有多个连接点。要注意有两个引脚拥有同一个标识符"3"。

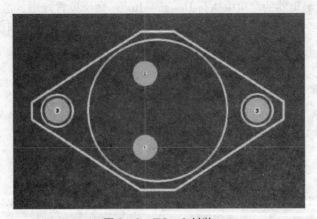

图 8-9　TO-3 封装

当在原理图编辑器中执行 Design→Update PCB 命令将原理图设计信息传输到 PCB 时，同步的结果会显示在 PCB 编辑器中一个连接下连接到了两个焊盘，也就是说，它们在同一个网络上。

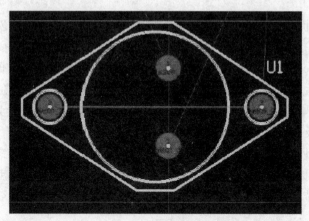

图 8 – 10　TO – 3 预布线网络

八、用焊接面来画一个封装

下面的名为 LCR1_ KC1 的封装是一个按钮开关。它需要封装的外形（TopOverlay）包含一个焊接面以及信号层（Top Layer）上所有走线和焊盘。

图 8 – 11　LCR1_ KC1 的封装

（1）点击设计窗口下面的 Top Overlay 的层标签，在 Top Overlay 上创建元件外形。执行 Place. Full Circle 命令或者点击 Place Circle 工具条按钮。在（0，–80）坐标处左击鼠标使该点成为圆心，然后拖动十字光标到（100，–80）处左击鼠标将圆半径设为 100mil。右击鼠标或按下 Esc 键退出圆摆放模式。

（2）接下来，在 Top Solder 层创建焊接面。执行 Tools. Mechanical Layers 命令，

点开在弹出的板层对话框内 Mask Layers 选项的 Top Solder 旁的 Show 选择框，使该层可见。点击设计窗口下方的 Top Solder 标签然后如同第一步一样在这一层上画圆。圆心与先前的圆相同，半径为 45 mil，线宽是 100 mil（实心的圆）。右击鼠标退出圆摆放模式。

（3）点击设计窗口下方的 Top Layer 标签，用线段及圆弧在顶层创建铜连接。右击鼠标退出画图模式。

（4）执行 Place→Pad 命令或点击 Place Pad 按钮在顶层放置封装的焊盘。按下 Tab 键定义焊盘的属性。点开 Simple，X，Y 轴向尺寸均输入 10 mil 以及在形状下拉框里选择圆形，设置好焊盘尺寸和形状。确定层设置为顶层，标识符被设置为 1（为了匹配元件引脚编号）以及孔径为 0 mil。点击 OK。

（5）定位指针将第一个焊盘中心定位到原点（0，0），然后将第二个焊盘中心定位到（0，-160）。标识符会自动增加。右击鼠标或按下 Esc 键退出焊盘摆放模式。

（6）存储封装。

九、从其他源添加封装

用户可以添加已存在的封装到你的 PCB 库。封装的复制可以更名及修改到匹配特殊的要求。如果想要添加已经存在的封装到你的 PCB 库，可以在打开的 PCB 文档中选中已经摆放的封装进行复制然后将它们粘贴到打开的 PCB 库中。或者当需要被拷贝的封装在 PCB 库编辑器中处于激活状态时，执行 Edit→Copy Component 命令，然后切换到目标 PCB 库执行 Edit→PasteComponent 命令。这个封装作为一个新的元件出现在 PCB 库面板的元件列表中并且显示在设计窗口中。

十、确认元件封装

和在原理图编辑器中一样，这里你可以运行一系列的报告以检查封装是否被正确创建以及确认当前 PCB 库中有哪些元件。运行元件规则检查报告来确认所有当前库中的元件。运行元件规则检查器检查重复的预布线，缺少的焊盘标识符，不确定的铜以及不相称的元件参考。

（1）在运行任何报告前保存你的库文件。

（2）执行 Reports→Component Rule Check 命令，弹出元件规则检查对话框。

（3）选择 Check All Components 选项然后点击 OK。产生一个名为 PCBlibrary-filename.err 的错误报告文件并且在文本编辑器中打开。任何的错误都会标注出来。

（4）关掉报告回到 PCB 库编辑器。

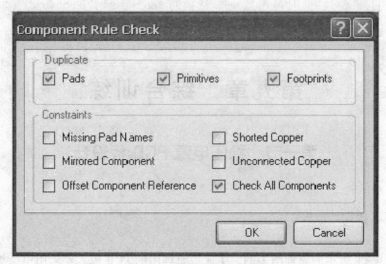

图 8 – 12　规则检查对话框

第五节　创建集成库

现在我们有了一个包含一些原理图元件的原理图库和一个包含一些 PCB 元件的 PCB 库，我们可以将这些库放到一个库包中然后将它们编译到一个集成库中区。这样元件会和它们的模型一起被存储。注意在编译前仿真模型文件必须被拷贝到源库同样的文件夹中。创建集成库的详细步骤在集成库指南中，步骤如下：

（1）执行 File→New→Integrated Library 命令创建一个源库包。项目面板显示一个名为 Integrated Library1. LibPkg 空库包，将这个库包重命名存储。

（2）执行 Project→Add to Project 命令将源库加载到库包中。检索找到你希望添加到你的库包中的原理图库、模型库、PCB 库、Protel 99 SE 库、SPICE 模型或信号完整性分析模型。点击 Open 将这些库作为源库添加到项目面板的源库列表中。

如果你想加入模型库或模型文件，你可以在项目面板里的库包名字上右击鼠标，选择弹出菜单中的项目选项，然后设置它们存储在硬盘上的路径名。在项目选项对话框中 Search Paths 标签下的 Ordered List of Search Paths 栏中点击 Add 加入定位所需封装及模型路径名。

（3）执行 Project→Compile Integrated Library 命令将库包中的源库和模型文件编译到一个集成库中。编译过程中的所有错误或警告会显示在消息面板中，在这点修正独立的源库中的所有矛盾然后再次编译集成库。

一个新的集成库将以 Integrated Libraryname. INTLIB 名字产生并存储在项目选项对话框内 Options 标签下指定的输出文件夹中，并且出现在库面板中备用。集成库被自动加载到库面板的当前库列表中。

第九章　综合训练

第一节　稳压电源 PCB 板设计

【目标】

熟悉 PCB 板设计流程。

【范例】

以如图 9 - 1 所示的原理图为例，生成该原理图的 PCB 板。要求用单层板，尺寸为 60mm × 40mm，元件全部采用过孔元件，一般线宽为 30mil，GND 为 60mil，VCC 为 50mil。

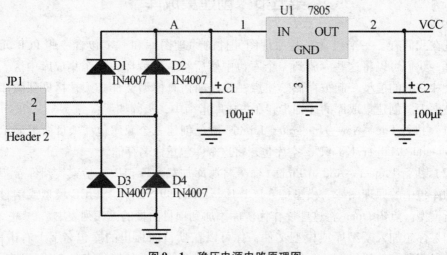

图 9 - 1　稳压电源电路原理图

【步骤】

1. 绘制或打开图 9 - 1 所示电路原理图

主菜单下执行命令 File→New→PCBProject，建立一份 PCB 设计项目。在此项目下，绘制或打开图 9 - 1 所示电路原理图 power - 7805. SCHDOC。

2. 检查元件封装

打开原理图文件，双击元件，出现元件属性对话框，在 Model 窗口可以查看元件的封装。如果封装不对，点击 Edit 进行修改。例如，查看整流二极管。双击二极管后，出现如图 9 - 2 所示元件属性对话框，在元件属性中可以看出封装为 DSO - C2/X3.3，这是一种贴片元件封装，要改为针插式 DIODE0.4。

点 Edit 出现如图 9-3 所示 PCB 模型对话框。

修改库路径，点 Browse 找到 DIODE0.4 或在 PCBLibrary 中选择 Any，直接在 Name 栏输入 DIODE0.4，Selected Footprint 显示正确的封装图形，如图 9-4 所示，点击 OK。

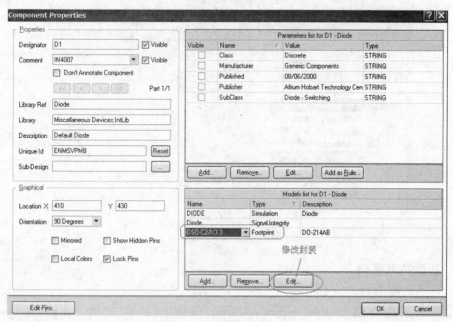

图 9-2　元件属性对话框

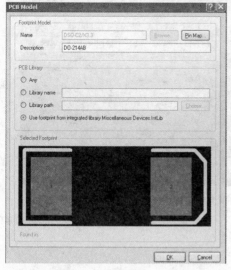

图 9-3　PCB Model 对话框

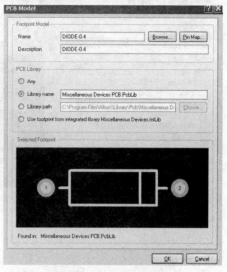

图 9-4　找到合适封装

3. 生成网络表

检查完原理图元件封装后，执行主菜单命令 Design→Netlist→Protel，生成网络表，如图 9 - 5 所示。

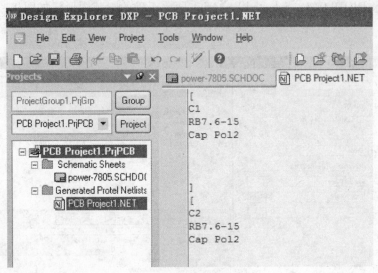

图 9 - 5　生成网络表

4. 新建 PCB 文档

（1）手动创建 PCB 文档

主菜单下执行命令 File → New → PCB，新建一 PCB 文档，保存为 Power - 7805. PcbDoc。如图 9 - 6 所示。

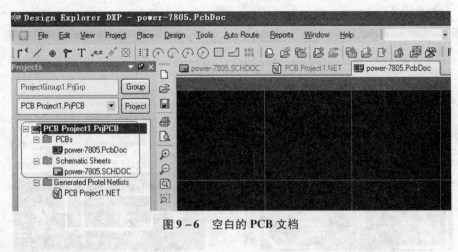

图 9 - 6　空白的 PCB 文档

（2）PCB 设置

①工作层

执行菜单命令 Design→Board Layers，显示 Board Layers 对话框。按范例要求使用单层板，所以可将顶层关闭，其他保留系统默认设置如图 9 - 7 所示。

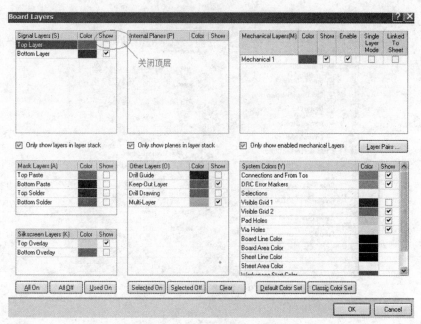

图 9 - 7　Board Layers 对话框

②使用环境设置和格点设置

执行菜单命令 Design→Options，系统将会出现如图 9 - 8 所示的 Board Options 对话框。

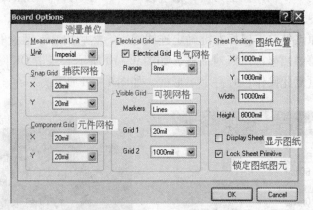

图 9 - 8　Board Options 对话框

③特殊设置

执行菜单命令 Tools→Preference，系统将弹出如图 9 - 9 所示的 Preferences 对话框。它有 Options（一般）、Display（显示）、Show/Hide 和 Defaults（违规）四个选项卡。

（3）规划印制板

①绘制电路板物理边界

a. 单击 PCB 编辑器窗口下部工作层转换按钮，将当前工作层转换到机械层 Mechanical1。

b. 把单位由"mil"切换到"mm"（可利用键盘 Q 键切换），捕捉栅格设为 2.5mm

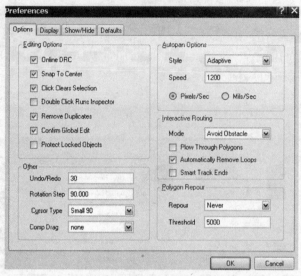

图 9 - 9 **Preferences** 对话框

（按 G）。

c. 单击工具栏中的图标 ⊠，或者执行菜单 Edit→Origin→Set，在十字光标状态下在 PCB 编辑器的工作区的左下角某处单击一下，该点就被定义为相对坐标原点（0，0），沿此点往右为 + X 轴，往上为 + Y 轴（按 Ctrl + End 可回到原点）。

d. 单击工具栏上的图标 ／，设置边框线。此时光标连着十字形，表示处于画线状态，在刚定义的原点处单击鼠标左键确定连线起点，然后按一下键盘上的 J 键，接着再按一下 L 键，屏幕弹出坐标跳跃对话框，如图 9 - 10 所示。点击 OK，单击确定，一条边界就画好了，重复此操作，画一个矩形框，如图 9 - 11 所示。

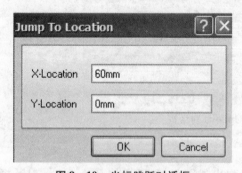

图 9 - 10 坐标跳跃对话框

图 9 - 11 绘制物理边界

②绘制电路板的电气边框

电气边界用来限定布线及各元器件的放置范围，与规划物理边界方法相同，小于等于物理边框，只是要画在禁止布线层 Keep – Out Layer。

（4）加载元件封装库

除了 DXP 默认加载的常用封装库外，电路中三端稳压还需用到 ST Power Mgt Voltage Regulator. IntLib。打开库面板，点击 Library 进行加载。

（5）加载网络表及元件

在 PCB 编辑界面执行 Design→ImportChangesForm（PCBProfect1. PrjPCB）命令后，将会弹出如图 9 – 12 所示的对话框。

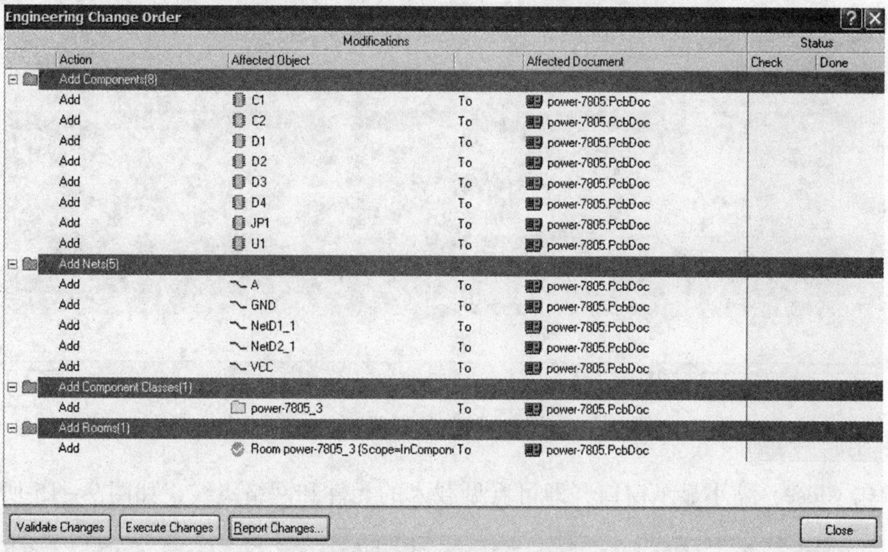

图 9 – 12　网格变化对话框

单击 Validate Changes 按钮后，将弹出如图 9 – 13 所示对话框，在状态栏"Check"一列中出现✔说明装入的元器件正确，出现✘说明有问题，有可能是元件所在库没有加载，回到原理图检查。"Check"状态栏全部为✔后，可以进行下一步操作。

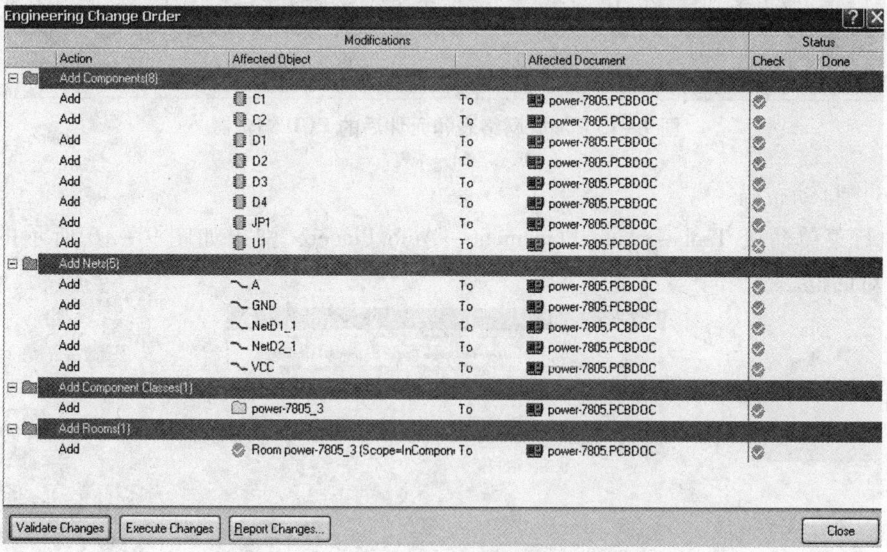

图 9 – 13　元器件全部正确的网络变化对话框

单击 Execute Changes 按钮，出现如图 9 - 14 所示检查正确界面。

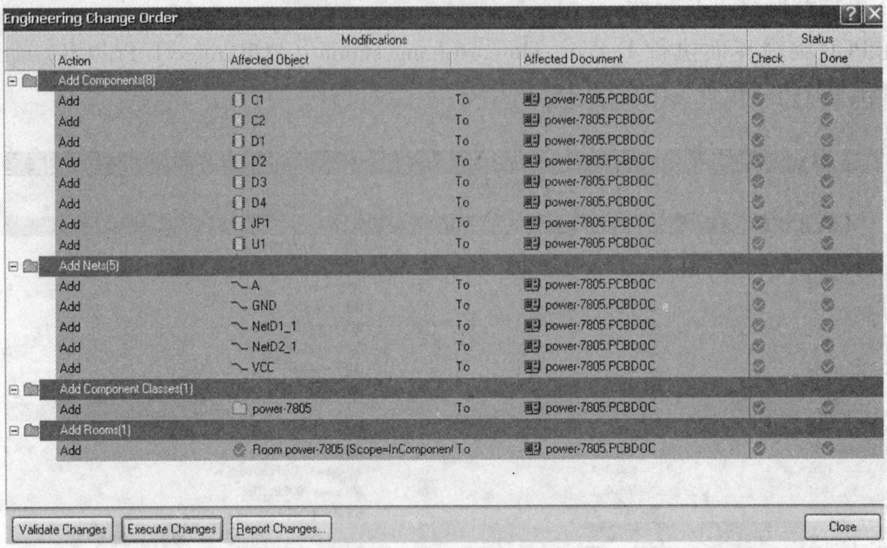

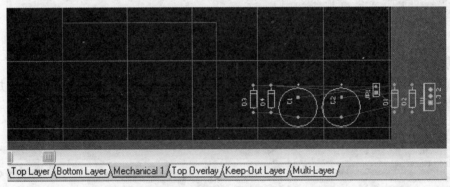

图 9 - 14　检查正确

单击 Close，缩小显示窗口，即可看见载入的元件和网络飞线，如图 9 - 15 所示。

图 9 - 15　加载网络表和元件后的 PCB 编辑器

（6）自动布局

执行菜单命令 Tools→Auto Placement→Auto Placer，弹出如图 9 - 16 所示的 Auto Placer 对话框。

图 9 - 16　Auto Placer 对话框

在 Auto Placer 对话框中提供了两种自动布局方式，每种方式均采用不同的计算、优化元件位置的方法。

Cluster Placer：适合于元件数量较少的 PCB 设计。

Statistical Placer：适合于元件数量较多的 PCB 设计。该种方式使用统计算法来放置元件，是元件间采用最短的导线来连接。Statistical Placer 选项如图 9-17 所示。

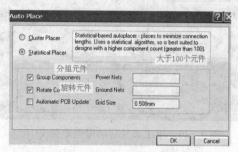

图 9-17　Statistical Placer 选项

本例选择 Cluster Placer 自动布局方式，单击 OK 按钮，系统开始自动布局。自动布局后飞线往往很乱，为了使飞线反映元件之间真实的连接情况，执行 Design→Netlist→Clear Nets 菜单命令，弹出如图 9-18 所示 Confirm 确认对话框，单击 Yes，系统开始自动整理网络，在 PCB 上将显示飞线，如图 9-19 所示。

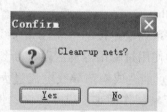

图 9-18　Confirm 对话框

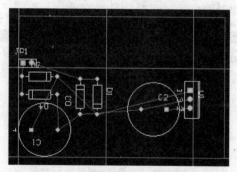

图 9-19　清理后的自动布局效果

（7）手工调整元件布局

自动布局后的结果不太令人满意，还需要用手工布局的方法，重新调整元件的布局，使之在满足电气功能要求的同时，更加优化、更加美观。

手工调整元件布局，包括元件的选取、移动和旋转等操作。经过手工调整后，稳压电源电路的布局如图 9 – 20 所示。

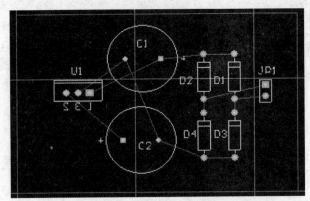

图 9 – 20　手工调整后的电源电路 PCB

（8）设置自动布线规则

要采用自动布线，必须首先设置好布线规则，然后 PCB 编辑器才能按照预设的布线规则自动地完成导线的绘制，具体步骤如下：

执行 Design→Rules 菜单命令，出现如图 9 – 21 所示 PCB 设计规则设置对话框。

布线规则一般只对导线宽度和布线层面的选择进行设置，其他采用默认参数。

①设置导线宽度规则 Width

在电路板中，导线宽度关系到电路板的可靠性和布线难度，导线宽度太窄，一方面铜箔导线在焊接以及长期的使用过程中容易脱落、断裂，特别对于高压、大电流的导线，如电源、接地线太窄，可能造成铜箔导线电流过大而烧毁电路板等后果；另一方面导线太窄也造成电路板厂家制作困难，成本提高；但导线宽度也不是越宽越好，导线越宽，自动布线时走线越困难，布通率越低，因此在自动布线前，必须根据实际情况和具体设计要求合理设置自动布线时的导线宽度。

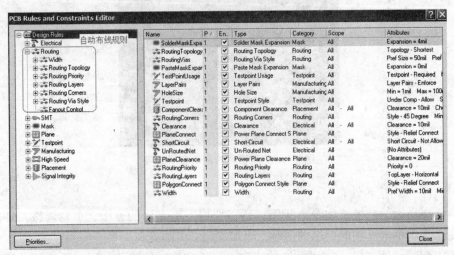

图 9 – 21　PCB 设计规则设置对话框

为了满足不同网络导线宽度的不同要求，同时不使电路板面积过大，我们可以采取同时设置几个导线宽度规则的办法：一般先设置一个整体电路板导线宽度的普通规则，然后根据实际情况对于大电流的个别网络导线分别设置较大的导线宽度。一般导线宽度设置如图 9 – 22 所示。

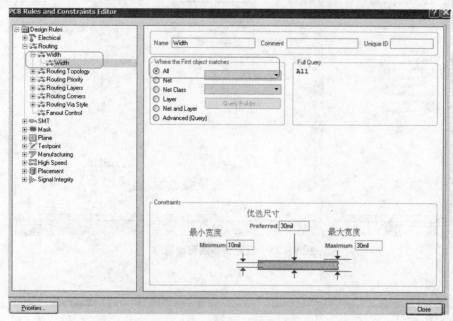

图 9 – 22　设置一般导线宽度

对于大电流网络我们必须单独设置导线宽度规则，如电源、接地网络等，本例中设地线 GND 导线宽度为 60mil（最大 80mil，最小 50mil），电源 VCC 导线宽度为 50mil（最大 60mil，最小 40mil），操作方法如下：

在导线宽度设置对话框中，选中 Width 规则项，单击鼠标右键，将弹出浮动菜单，选中 New Rule 新规则菜单，将在原 Width 规则项上增加一个 Width1 新导线宽度规则设置项，如图 9 – 23 所示。

②设置布线层面规则 Routing Layers

系统默认设置为双面板，即信号层为顶层和底层，其中顶层布线方向默认为水平方向，底层布线方向默认为垂直方向。

在自动布线规则设置对话框中，点击 Routing Layers 布线层面选项，将弹出如图 9 – 24 所示的布线层面设置对话框。

如果要制作单面板，布线层面可设置为顶层不使用，底层布线方向没有限制。

（9）自动布线

执行菜单 Auto Route→All 命令，弹出如图 9 – 25 所示的自动布线策略选择对话框，一般采用默认第一项参数即可。

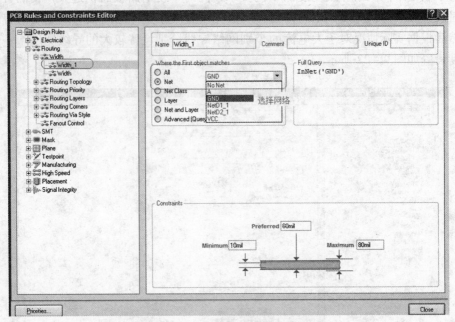

图 9-23　设置新导线宽度规则

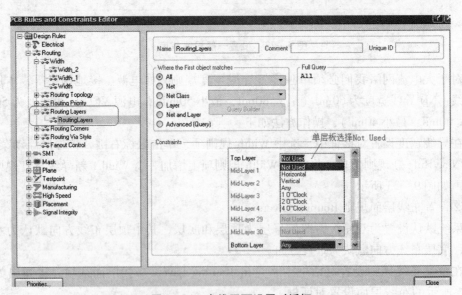

图 9-24　布线层面设置对话框

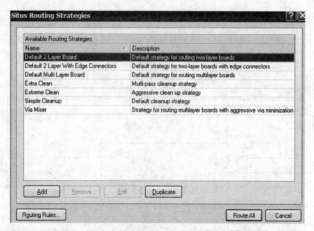

图 9 – 25　自动布线策略选择对话框

点击 Route All 布所有导线按钮，将启动自动布线过程，本例中元件较少，布线速度很快，自动布线过程中弹出如图 9 – 26 所示的自动布线信息报告栏。

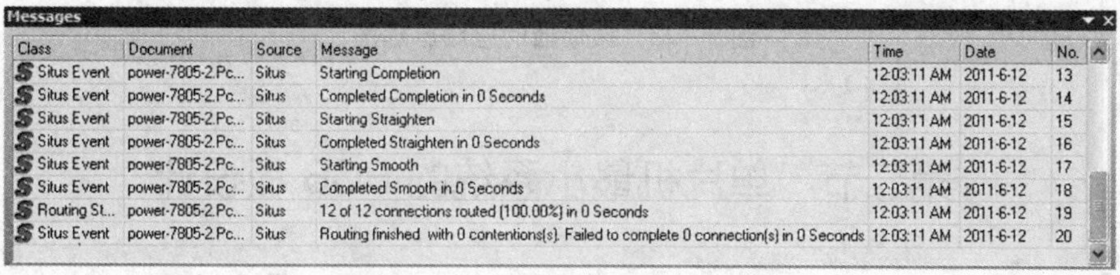

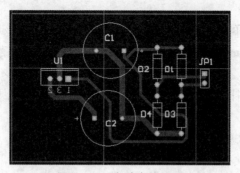

图 9 – 26　自动布线信息报告栏

完成自动布线后，生成如图 9 – 27 所示的 PCB 图。从图中可以看出，自动布线的结果存在诸多缺陷，还需手工修改。

图 9 – 27　自动布线结果

【练习】

参照范例要求，制作如图 9 – 28 所示的多谐振荡器 PCB 板，要求制作单面板，PCB 板尺寸为 60mm（2380mil）×40mm（1580mil）。

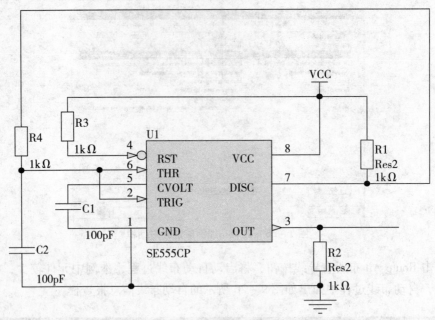

图 9 - 28　振荡器的电路原理图

第二节　单片机最小系统的 PCB 板设计

【目标】

1. 会利用向导规划电路板。

2. 会集体修改参数。

3. 会对 PCB 板进行 DRC 操作和排除违规错误。

【范例】

以如图 9 - 29 所示的单片机最小系统原理图为例,生成该原理图的 PCB 板。要求用双层板,尺寸为 80mm×65mm,元件全部采用过孔元件,一般线宽为 30mil,GND 为 50 mil,VCC 为 40 mil。把 U1、U2 的焊盘大小全部改为 70mil×70mil,所有电容的焊盘改为 80mil×80mil,并补泪滴和覆铜,最后进行 PCB 的设计规则检查。

【步骤】

1. 新建工程,导入原理图文件

执行菜单命令 File→New→PCBProject,建立项目工程,保存为“单片机最小系统 . PRJPCB”。

鼠标右键点击 Projects 面板中“单片机最小系统 . PrjPCB”,执行菜单命令 Add to Project,添加原理图文件“单片机最小系统 . Schdoc”到当前工程。

2. 选择 PCB 向导规划电路板

(1) 单击 File 标签,将出现如图 9 - 30 所示的文件面板,选择 PCB Board Wizards

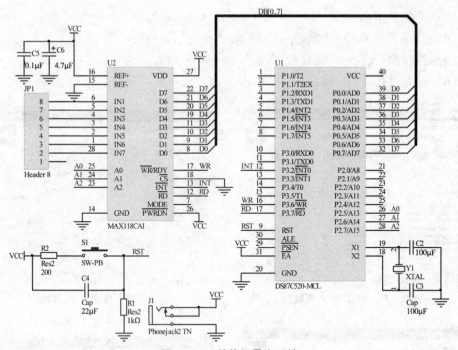

图9-29 单片机最小系统

向导，弹出图 PCB 向导欢迎界面。点 Next 后，出现图 9-31 所示尺寸选择框。

图9-30 File 面板启动 PCB 向导

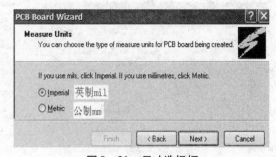

图9-31 尺寸选择框

（2）尺寸单位选择。

尺寸单位选择对话框，有英制（mil）和公制（mm）二种选择，可以根据兴趣选择尺寸类型，本例选择英制单位 mil。

（3）选择 PCB 板类型，如图 9 − 32 所示。

（4）自定义 PCB 板，如图 9 − 33 所示。

（5）选择信号层、内电源层，如图 9 − 34 所示。

（6）选择过孔类型，如图 9 − 35 所示。

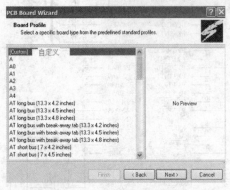

图 9 − 32　选择 PCB 板类型

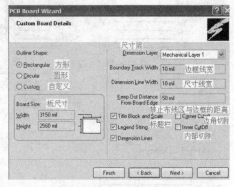

图 9 − 33　自定义 PCB 板

图 9 − 34　选择信号层、内电源层

图 9 − 35　选择过孔类型

（7）选择元件类型，如图 9 − 36 所示。

（8）设置导线、过孔、安全间距，如图 9 − 37 所示。

图 9 − 36　选择元件类型

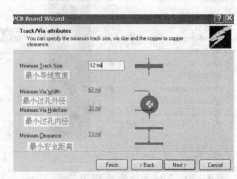

图 9 − 37　设置导线、过孔、安全间距

（9）Finish 结束向导，PCB 板向导制作完成的电路板如图 9 − 38 所示。保存为"单片机最小系统 . PcbDoc"。

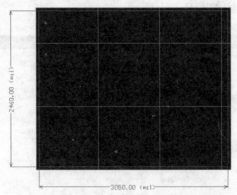

图 9 - 38 PCB 板向导制作完成的电路板

3. 同步功能更新 PCB 编辑器的封装和网络

打开原理图文件，执行 Design →Update PCB 单片机最小系统 . PcbDoc 菜单命令，装入电路板的 PCB 封装元件，如图 9 - 39 所示。

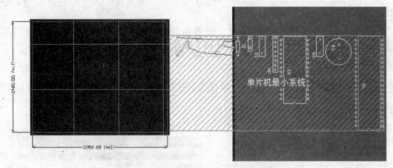

图 9 - 39 装入电路板的 PCB 封装元件

4. 元件布局如图 9 - 40 所示

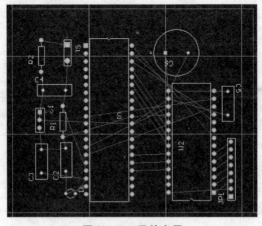

图 9 - 40 元件布局

5. 设置自动布线规则如图 9 – 41 所示

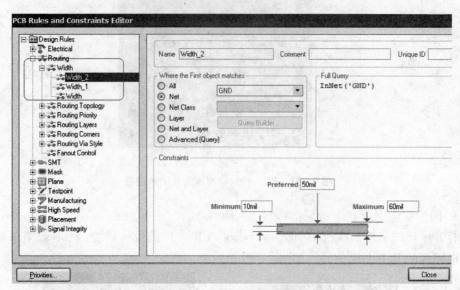

图 9 – 41　设置自动布线规则

6. 集成修改焊盘大小

（1）在要修改的焊盘上点右键，弹出如图 9 – 42 所示菜单。选择 Find Similar Objects 查找相似对象，出现如图 9 – 43 所示。

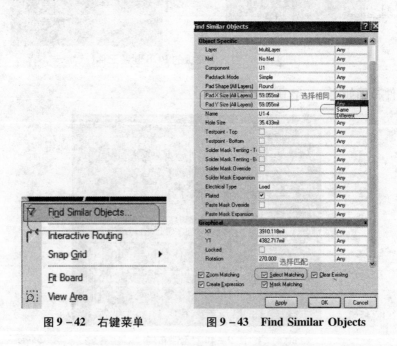

图 9 – 42　右键菜单　　　　图 9 – 43　**Find Similar Objects**

（2）点击 OK，出现如图 9 – 44 所示 List 窗口，被选择的对象以高亮显示。

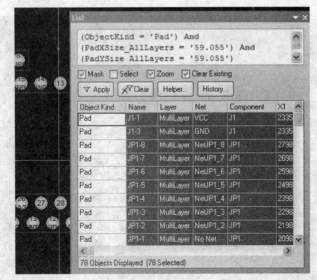

图 9 - 44　List 窗口

（3）点击窗口下的 Inspect 按钮，出现如图 9 - 45 所示 Inspector 测定器窗口，修改其中焊盘大小。

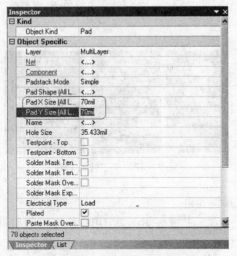

图 9 - 45　Inspector 测定器窗口

（4）修改后关闭窗口，点击右下角 Clear 按钮，退出高亮显示。

7. 自动布线

执行 Auto Route→All 菜单命令进行自动布线。自动布线结果如图 9 - 46 所示。

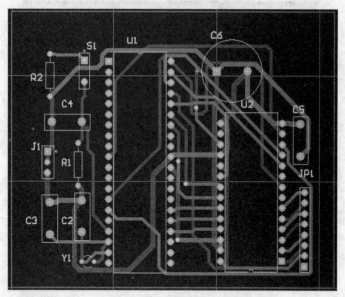

图 9 – 46　　自动布线结果

8. 手工修改双面板导线

按 Shift + S 修改为单层显示模式，观察走线有无不美观、弯曲、绕行太远等情况，如图 9 – 47 所示。

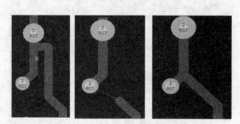

图 9 – 47　　手工修改导线

9. DRC 检查和违规错误排除

进行完布线操作后，接下来最好做一次 DRC 检查（设计规则检查）。DRC 用于检查电路板中的对象（如导线、焊盘、过孔等）是否违反了前面通过 Design→Rules 菜单设置的各种规则要求，如安全间距、导线宽度等。

执行菜单 Tools→命令，出现设计规则检查窗口如图 9 – 48 所示。

点击 Run Design Rule Check 按钮，出现检查信息。没有违规结果如图 9 – 49 所示。

当有违规现象发生时，必须认真分析报告文件中的错误信息，同时还可利用导航栏 Navigator 找到违规对象并进行修改，如图 9 – 50 所示，表示违反了安全间距规则。

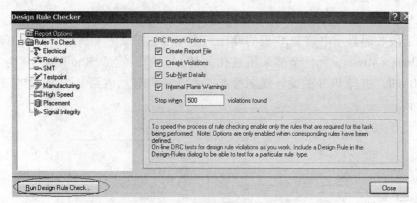

图 9 – 48　设计规则检查窗口

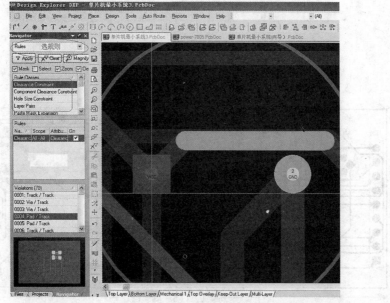

图 9 – 49　没有违规结果

图 9 – 50　Navigator 导航栏找到违规对象并进行修改

【练习】

完成七段数码显示电路 PCB 板的设计，原理图如图 9 – 51 所示。要求用双层板，尺寸为 80mm × 40mm，元件全部采用过孔元件，一般线宽为 20mil，GND 为 30 mil，VCC 为 30 mil，进行 PCB 的设计规则检查。七段数码显示电路 PCB 板参考效果如图 9 – 52 所示。

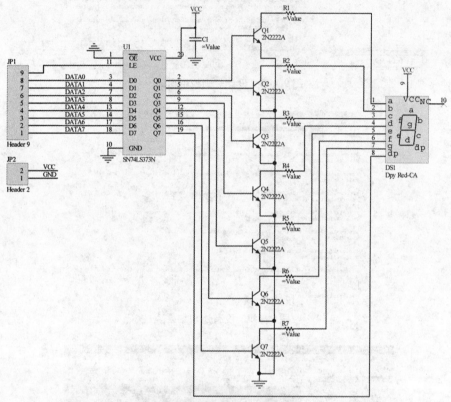

图 9 – 51　七段数码显示电路

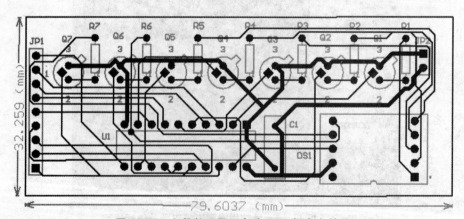

图 9 – 52　七段数码显示电路 PCB 板参考效果

第三节 电路板综合设计实例

【目标】

了解印制电路板的整体制作过程，培养制作电路板的实用技能，积累电路板制作经验。

【范例】

如图 9-53 所示为 DA2030A 组成的 BTL 功放电路原理图（立体声只需要做两组相同的电路即可），图 9-54 为功放的电源电路。要求设计此电路的 PCB 板。

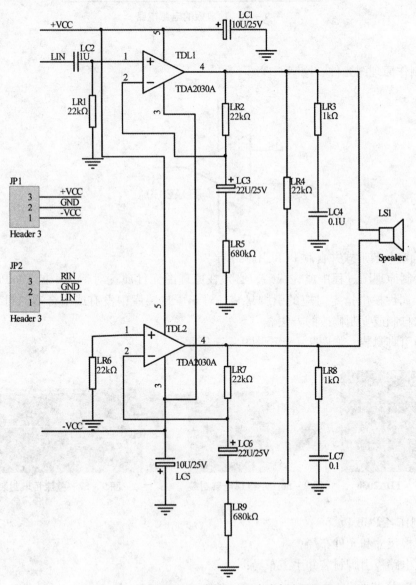

图 9-53 DA2030A 组成的 BTL 功放电路原理图

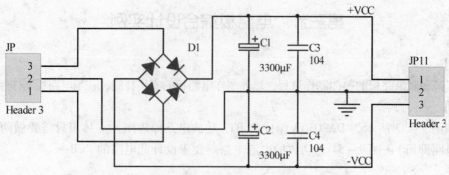

图 9 – 54　功放板的电源电路

【步骤】

1. 制作原理图元件、绘制原理图

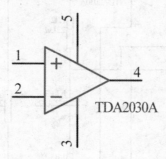

TDA2030A

2. 确定封装形式并自制 PCB 引脚封装

在绘制原理图过程中或完成后，必须在原理图元件属性对话框中的 FootPrint（引脚封装）属性栏中指定对应的引脚封装，对于原封装库中没有或不合适的封装形式，必须采取自制或复制修改的方法。

自制引脚封装，如图 9 – 55 至图 9 – 57 所示。

图 9 – 55　TDA2030

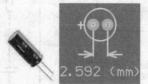

图 9 – 56　小电解电容封装

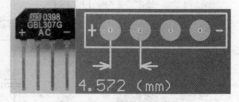

图 9 – 57　整流桥堆封装

3. 制作各 PCB 板

电源板尺寸和元件布局；

载入电路板引脚封装并手工布局；

电源板 PCB 布线。

4. 放置安装孔、补泪滴、覆铜

（1）安装孔，放置几个焊盘即可。

（2）补泪滴。

执行菜单命令 Tools→Teardrops，弹出如图 9 – 58 所示的补泪滴选择对话框，左边选择操作的对象，右边选择操作动作和泪滴类型。补泪滴效果如图 9 – 59 所示。

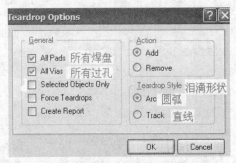

图 9 – 58　所示的补泪滴选择对话框

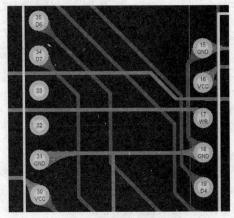

图 9 – 59　补泪滴效果

（3）覆铜。

PCB 的覆铜一般都是连在地线上，增大地线面积。方法：切换到要覆铜的层，执行菜单 Place→Polygon plane 命令（或按 P 再按 G），在设置中选择网络，勾选去死铜，选择全铜或风格铜并设置风格大小，完毕后圈出你要覆的区域后右键。

覆铜一般应该在安全间距的 2 倍以上，在覆铜前打开 Design – Rules，将其中的 Clearance 选项距离设大一点。

从主菜单执行命令 Place→Polygon Plane…，也可以用元件放置工具栏中的 Place Polygon Plane 按钮 。系统将会弹出 Polygon Plane（覆铜属性）设置对话框，如图 9 – 60 所示。

设置好覆铜的属性后，鼠标变成十字光标表状，将鼠标移动到合适的位置，单击鼠标确定放置覆铜的起始位置。再移动鼠标到合适位置单击，确定所选覆铜范围的各个端点，覆铜的区域必须为封闭的多边形状。

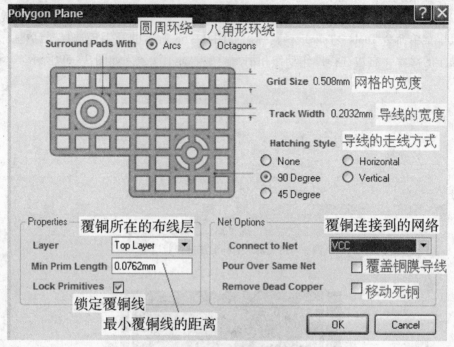

图 9 - 60　放置覆铜

第四节　PCB 板的制作

【目标】

1. 了解热转印法制板与小型工业制板工艺流程。

2. 学会 PCB 文档的打印，光绘文件的输出。

3. 会输出钻孔文件，并用数控钻打孔。

【范例】

分别用热转印法和工业制板法制作如图 9 - 61 所示的 TDA2030 功放板。

【步骤】

热转印法制作方法如下：

热转印法是制作少量单面板的最佳选择。它利用了激光打印机墨粉的抗腐蚀特性，成本低廉。

1. 设计布线规则

由于热转印制版的特点，在布线时要注意以下方面：

（1）线宽不小于 15mil，线间距不小于 10mil。为确保安全，线宽要在 25～30mil，大电流线按照一般布线原则加宽。为布通线路，局部可以到 20mil。

（2）尽量布成单面板，无法布通时可以考虑跳接线。仍然无法布通时可以考虑使

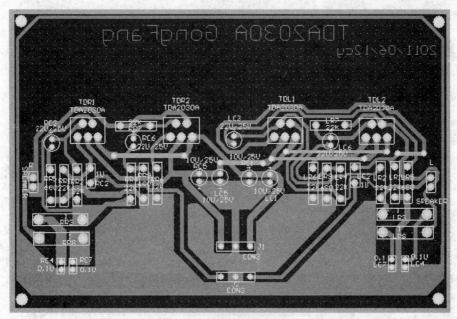

图 9 – 61 TDA2030 功放板

用双面板。尽量使用手工布线，自动布线往往不能满足要求。

（3）0.8mm 的孔焊盘要在 70mil 以上，推荐 80mil，否则会由于打孔精度不高使焊盘损坏。

（4）Bottomlayer 的字要作镜像，即翻转过来写。

2. 制作步骤

（1）打印底层线路图

执行菜单 File→Page setup 命令进行打印设置，如图 9 – 62 所示。

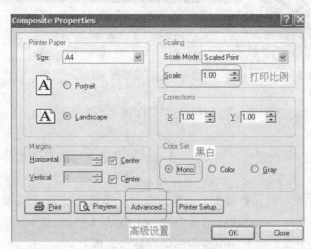

图 9 – 62 打印设置

点击 Advanced 进入打印层的选择，删除不用的层，如图 9 – 63 所示。

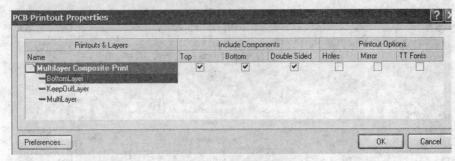

图 9 – 63　选择打印层

点击 OK，退出设置，执行菜单 File→Print preview 命令进入打印预览，如图 9 – 64 所示。

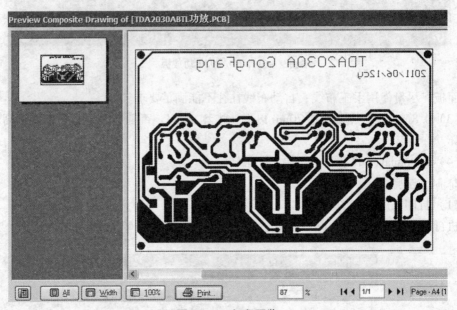

图 9 – 64　打印预览

如果预览正确，把热转印纸光面向上放于打印机，点击预览窗口的 Print... 进行打印。

（2）裁板

裁板又称下料，根据设计好的 PCB 图大小来确定板材的尺寸规格，可根据具体需要进行裁板。

（3）钻孔（如果电路元件较少，可跳过此步，待做完（7）后，用小台钻钻孔）

①准备好钻孔文件，即把设计好的 PCB 文档另存为 PCB2.8 ASCII 格式。

②把裁好的板子铜面向上，用胶带固定在钻台底板上。

③运行 Create – DCD，打开 PCB2.8 ASCII 格式的 PCB 文档，根据输出中所列孔径装好钻头。

④打开数控钻电源（红），启动钻床主轴电机（绿），调整钻头起始位置及高度（钻头与待钻板距离 1~1.5mm），并设置原点，然后找终点。

⑤顺序或选择孔径进行钻孔。

⑥钻完一种规格的孔，换另一规格钻头时，关掉主轴电机（绿），上升主轴。换好钻头后，打开主轴电机，下降到合适位置，钻孔。此过程不能再设置原点、终点。

（4）抛光

把钻好孔的板用砂纸稍加抛光。

（5）对孔转印

将打印好图的转印纸墨面对着铜皮，置于上面与钻好孔的板对好孔后用纸胶带贴好，放入热转印机中，一般温度设为 180℃，转速 1.2N，转印两遍即可，没有印到的地方用油性墨笔涂上。注意热转印机一定不要直接关掉电源，应该用软件关机，否则会烧坏机器。

关机方法：连续按右边的 NET 键两下，出现"OFF"，按住 NET 不动，"4OFF"倒数至"0OFF"，自动关机。

（6）腐蚀

转印好后，揭下转印纸，把印好线路图的板子用夹子夹好，放入腐蚀槽中，按下对流按钮，3 分钟即可（腐蚀机可事先预热）。或将三氯化铁（一般是用 40% 的三氯化铁和 60% 的温水）倒入塑料盒，转印成功后的 PCB 板将铜皮面向上，不断均匀摇动，边摇边观察，直到腐蚀完成。

（7）用慢干水洗掉墨粉或用细砂纸打掉，制作效果如图 9-65 所示

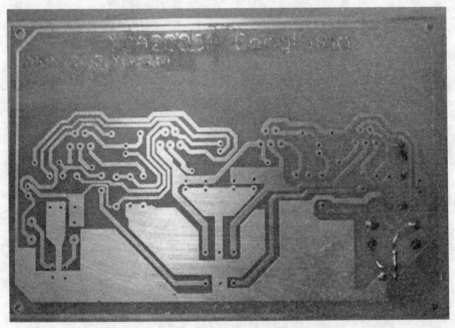

图 9-65 制作效果图

参考文献

［1］杨小川．Protel DXP 设计指导教程［M］．北京：清华大学出版社，2003.

［2］王国玉．电子线路 CAD 基本功［M］．北京：人民邮电出版社，2009.

［3］赵景波．Protel DXP 实用教程［M］．北京：人民邮电出版社，2010.

附录 1　Protel DXP 常用元件库

序号	元件名称	封装名称	原理图符号及库	PCB 封装形式及库
1	Battery 直流电源	BAT – 2	BT? Battery Miscellaneous Devices. IntLib	Miscellaneous Devices PCB. PcbLib
2	Bell 铃	PIN2	LS? Bel1 Miscellaneous Devices. IntLib	Miscellaneous Connector PCB. PcbLib
3	Bridge1 二极管整流桥	E – BIP – P4/D	D? Bridge1 Miscellaneous Devices. IntLib	Bridge Rectifier. PcbLib
4	Bridge2 集成块整流桥	E – BIP – P4/x	D? 2 AC AC 4 1 V+ V– 3 Bridge2 Miscellaneous Devices. IntLib	Bridge Rectifier. PcbLib
5	Buzzer 蜂鸣器	PIN2	LS? Buzzer Miscellaneous Devices. IntLib	Miscellaneous Connector PCB. PcbLib

序号	元件名称	封装名称	原理图符号及库	PCB 封装形式及库
6	Cap 无极性电容	RAD – 0.3	C? Cap Miscellaneous Devices. IntLib	Miscellaneous Devices PCB. PcbLib
7	Cap 极性电容	POLAR0.8	C? + Cap Pol1 100pF Miscellaneous Devices. IntLib	Miscellaneous Devices PCB. PcbLib
8	Electro 1 电解电容	RB – .2/.4	+ C? ELECTRO1 （99）Miscellaneous Devices. Lib	（99）Miscellaneous. ddb
9	Cap Semi 贴片电容	C3216 – 1206	C? Cap Miscellaneous Devices. IntLib	Miscellaneous Devices PCB. PcbLib
10	D Zener 稳压二极管	DIODE – 0.7	D? DZener Miscellaneous Devices. IntLib	Miscellaneous Devices PCB. PcbLib
11	Diode 二极管	DSO0C2/X	D? Diode Miscellaneous Devices. IntLib	Small Outline Diode – 2 C – Bend Leads. PcbLib
12	Dpy RED – CA 数码管	DIP10	DS? Dpy Red–CA Miscellaneous Devices. IntLib	Miscellaneous Devices PCB. PcbLib
13	Fuse 2 熔断器	PIN – W2/E	F? Fuse2 Miscellaneous Devices. IntLib	Miscellaneous Devices PCB. PcbLib

续 表

序号	元件名称	封装名称	原理图符号及库	PCB 封装形式及库
14	Inductor 电感	C1005 – 0402	L? Inductor 10mH Miscellaneous Devices. IntLib	Miscellaneous Devices PCB. PcbLib
15	JFET – P 场效应管	CAN – 3/D	Q? JFET–P Miscellaneous Devices. IntLib	Vertical，Single – Row，Flange Mount with Tab. PcbLib
16	Jumper 跳线	RAD – 0.2	W? Jumper Miscellaneous Devices. IntLib	Miscellaneous Devices PCB. PcbLib
17	Header5 单排插针	HDR1X5	JP? Header5 Miscellaneous Connectors. IntLib	Miscellaneous Connector PCB. PcbLib
18	Lamp 灯	PIN2	DS? Lamp Miscellaneous Devices. IntLib	Miscellaneous Connector PCB. PcbLib
19	LED1 发光二极管	LED – 1	DS? LED1 Miscellaneous Devices. IntLib	Miscellaneous Devices PCB. PcbLib
20	MHDR2 × 4 双排插针	MHDR2 × 4	JP? MHDR2X4 Miscellaneous Connectors. IntLib	Miscellaneous Connector PCB. PcbLib

序号	元件名称	封装名称	原理图符号及库	PCB 封装形式及库
21	Mic2 麦克风	DIP2	MK? Mic2 Miscellaneous Devices. IntLib	 Miscellaneous Connector PCB. PcbLib
22	Motor Serxo 伺服电机	RAD – 0. 4	B? Motor Servo Miscellaneous Devices. IntLib	 Miscellaneous Devices PCB. PcbLib
23	NPN 三极管	BCY – W3	Q? NPN Miscellaneous Devices. IntLib	 Cylinder with Flat Index. PcbLib
24	Op Amp 运放	CAN – 8/D	AR?8 Op Amp Miscellaneous Devices. IntLib	 CAN – Circle pin arrangement. PcbLib
25	Phonejack2 插孔	PIN2	J? Phonejack2 Miscellaneous Connectors. IntLib	 Miscellaneous Connector PCB. PcbLib
26	Phone PNP 感光三极管	SFM – T2/X	Q? Photo PNP Miscellaneous Devices. IntLib	 Vertical, Single – Row, Flange Mount with Tab. PcbLib

序号	元件名称	封装名称	原理图符号及库	PCB 封装形式及库
27	Phone Sen 感光二极管	PIN2	 Miscellaneous Devices. IntLib	 Miscellaneous Connector PCB. PcbLib
28	PNP 三极管	SO – G3/C	 Miscellaneous Devices. IntLib	 SOT 23. PcbLib
29	Relay SPST 继电器	DIP – P4	 Miscellaneous Devices. IntLib	 DIP – Peg Leads. PcbLib
30	Res2 电阻	AXIAL – 0. 4	 Miscellaneous Devices. IntLib	 Miscellaneous Devices PCB. PcbLib
31	Rpot2 电位器	VR2	 Miscellaneous Devices. IntLib	 Miscellaneous Devices PCB. PcbLib
32	SCR 晶闸管	SFM – T3	 Miscellaneous Devices. IntLib	 Vertical, Single – Row, Flange Mount with Tab. PcbLib
33	Speaker 喇叭	PIN2	 Miscellaneous Devices. IntLib	 Miscellaneous Connector PCB. PcbLib

序号	元件名称	封装名称	原理图符号及库	PCB 封装形式及库
34	SW – DIP4	DIP – 16	 SW–DIP8 Miscellaneous Devices. IntLib	 Dual – In – Line Package. PcbLib
35	SW – PB 按钮	SPST – 2	 SW–PB Miscellaneous Devices. IntLib	 Miscellaneous Devices PCB. PcbLib
36	SW – SPDT 单刀双掷	SPDT – 3	 SW–SPDT Miscellaneous Devices. IntLib	 Miscellaneous Devices PCB. PcbLib
37	SW – SPST 开关	SPST – 2	 SW–SPST Miscellaneous Devices. IntLib	 Miscellaneous Devices PCB. PcbLib
38	Trans Ideal 变压器	TRF – 4	 Trans Ideal Miscellaneous Devices. IntLib	 Miscellaneous Devices PCB. PcbLib
39	Triac 双向可控硅	SFM – T	 Triac Miscellaneous Devices. IntLib	 Vertical，Single – Row，Flange Mount with Tab. PcbLib
40	XTAL 晶振	BCY – W2/ D3. 1	 XTAL Miscellaneous Devices. IntLib	 Crystal Oscillator. PcbLib

序号	元件名称	封装名称	原理图符号及库	PCB 封装形式及库
41	L7805AC – V 三端稳压	SFM – T3/ E 10.4v	U? L7805AC–V 1 IN OUT 2 GND 3 ST Power Mgt Voltage Regulator. IntLib	Vertical,Single – Row,Flange Mount with Tab. PcbLib
42	LM741CN 集成运放	DIP – 8	7 U?8 2 – 6 3 + 5 1 4 LM741CN NSC Operational Amplifier. IntLib	Dual – In – Line Package. PcbLib

附录 2　Protel DXP 快捷键大全

Enter——选取或启动

Esc——放弃或取消

F1——启动在线帮助窗口

Tab——启动浮动图件的属性窗口

Pgup——放大窗口显示比例

Pgdn——缩小窗口显示比例

End——刷新屏幕

Del——删除点取的元件（1 个）

Ctrl + Del——删除选取的元件（2 个或 2 个以上）

X + A——取消所有被选取图件的选取状态

X——将浮动图件左右翻转

Y——将浮动图件上下翻转

Space——将浮动图件旋转 90 度

Ctrl + Ins——将选取图件复制到编辑区里

Shift + Ins——将剪贴板里的图件贴到编辑区里

Shift + Del——将选取图件剪切放入剪贴板里

Alt + Backspace——恢复前一次的操作

Ctrl + Backspace——取消前一次的恢复

Ctrl + G——跳转到指定的位置

Ctrl + F——寻找指定的文字

Alt + F4——关闭 Protel

Spacebar——绘制导线，直线或总线时，改变走线模式

V + D——缩放视图，以显示整张电路图

V + F——缩放视图，以显示所有电路部件

Home——以光标位置为中心，刷新屏幕

Esc——终止当前正在进行的操作，返回待命状态

Backspace——放置导线或多边形时，删除最末一个顶点

Delete——放置导线或多边形时，删除最末一个顶点

Ctrl + Tab——在打开的各个设计文件文档之间切换

Alt + Tab——在打开的各个应用程序之间切换

A——弹出 Edit \ Align 子菜单

B——弹出 View \ Toolbars 子菜单

E——弹出 Edit 菜单

F——弹出 File 菜单

H——弹出 Help 菜单

J——弹出 Edit \ Jump 菜单

I——弹出 Edit \ Set location makers 子菜单

M——弹出 Edit \ Move 子菜单

O——弹出 Options 菜单

P——弹出 Place 菜单

R——弹出 Reports 菜单

S——弹出 Edit \ Select 子菜单

T——弹出 Tools 菜单

V——弹出 View 菜单

W——弹出 Window 菜单

X——弹出 Edit \ Deselect 菜单

Z——弹出 Zoom 菜单

左箭头——光标左移 1 个电气栅格

Shift + 左箭头——光标左移 10 个电气栅格

右箭头——光标右移 1 个电气栅格

Shift + 右箭头——光标右移 10 个电气栅格

上箭头——光标上移 1 个电气栅格

Shift + 上箭头——光标上移 10 个电气栅格

下箭头——光标下移 1 个电气栅格

Shift + 下箭头——光标下移 10 个电气栅格

Ctrl + 1——以零件原来的尺寸的大小显示图纸

Ctrl + 2——以零件原来的尺寸的 200% 显示图纸

Ctrl + 4——以零件原来的尺寸的 400% 显示图纸

Ctrl + 5——以零件原来的尺寸的 50% 显示图纸

Ctrl + F——查找指定字符

Ctrl + G——查找替换字符

Ctrl + B——将选定对象以下边缘为基准，底部对齐

Ctrl + T——将选定对象以上边缘为基准，顶部对齐

Ctrl + I——将选定对象以左边缘为基准，靠左对齐

Ctrl + R——将选定对象以右边缘为基准，靠右对齐

Ctrl + H——将选定对象以左右边缘的中心线为基准，水平居中排列

Ctrl + V——将选定对象以上下边缘的中心线为基准，垂直居中排列

Ctrl + Shift + H——将选定对象在左右边缘之间，水平均布

Ctrl + Shift + V——将选定对象在上下边缘之间，垂直均布

F3——查找下一个匹配字符

Shift + F4——将打开的所有文档窗口平铺显示

Shift + F5——将打开的所有文档窗口层叠显示

Shift + 单左鼠——选定单个对象

Ctrl + 单左鼠，再释放 Ctrl——拖动单个对象

Shift + Ctrl + 左鼠——移动单个对象

按 Ctrl 后移动或拖动——移动对象时，不受电器格点限制

按 Alt 后移动或拖动——移动对象时，保持垂直方向

按 Shift + Alt 后移动或拖动——移动对象时，保持水平方向

附录 3　PCB 使用技巧

1. 元器件标号自动产生或已有的元器件标号取消重来

Tools 工具 | Annotate…注释

All Part：为所有元器件产生标号

Reset Designators：撤除所有元器件标号

2. 单面板设置

Design 设计 | Rules…规则 | Routing layers

Toplayer 设为 NotUsed

Bottomlayer 设为 Any

3. 自动布线前设定好电源线加粗

Design 设计 | Rules…规则 | Width Constraint

增加：NET，选择网络名　VCC GND，线宽设粗

4. PCB 封装更新，只需在原封装上右键弹出窗口内的 Footprint 改为新的封装号

5. 100mil = 2.54mm；1mil = 1/1000 英寸

6. 快捷键 "M"，下拉菜单内的 Dram Track End 拖拉端点——拉 PCB 内连线的一端点处继续连线

7. 定位孔的放置

在 KeepOutLayer 层（禁止布线层）中画一个圆，Place | Arc（圆心弧）center，然后调整其半径和位置。

8. 设置图纸参数

Design | Options | Sheet Options

（1）设置图纸尺寸：Standard Style 选择

（2）设定图纸方向：Orientation 选项——Landscape（水平方向）——Portrait（垂直方向）

（3）设置图纸标题栏（Title Block）：选择 Standard 为标准型，ANSI 为美国国家协会标准型

（4）设置显示参考边框 Show Reference Zones

（5）设置显示图纸边框 Show Border

（6）设置显示图纸模板图形 Show Template Graphics

（7）设置图纸栅格 Grids

锁定栅格 Snap On，可视栅格设定 Visible

（8）设置自动寻找电器节点

9. 元件旋转

Space 键：被选中元件逆时针旋转 90°

在 PCB 中反转器件（如数码管），选中原正向器件，在拖动或选中状态下，

X 键：使元件左右对调（水平面）；Y 键：使元件上下对调（垂直面）

10. 元件属性

Lib Ref：元件库中的型号，不允件修改

Footprint：元件的封装形式

Designator：元件序号如 U1

Part type：元件型号（如芯片名 AT89C52 或电阻阻值 10kΩ 等）（在原理图中是这样，在 PCB 中此项换为 Comment）

11. 生成元件列表（即元器件清单）Reports | Bill of Material

12. 原理图电气法则测试（Electrical Rules Check）即 ERC

是利用电路设计软件对用户设计好的电路进行测试，以便能够检查出人为的错误或疏忽。

原理图绘制窗中 Tools 工具 | ERC…电气规则检查

ERC 对话框各选项定义：

Multiple net names on net：检测"同一网络命名多个网络名称"的错误

Unconnected net labels："未实际连接的网络标号"的警告性检查

Unconnected power objects："未实际连接的电源图件"的警告性检查

Duplicate sheet mnmbets：检测"电路图编号重号"

Duplicate component designator："元件编号重号"

bus label format errors："总线标号格式错误"

Floating input pins："输入引脚浮接"

Suppress warnings："检测项将忽略所有的警告性检测项，不会显示具有警告性错误的测试报告"

Create report file："执行完测试后程序是否自动将测试结果存在报告文件中"

Add error markers：是否会自动在错误位置放置错误符号

Descend into sheet parts：将测试结果分解到每个原理图中，针对层次原理图而言

Sheets to Netlist：选择所要进行测试的原理图文件的范围

Net Identifier Scope：选择网络识别器的范围

13. 系统原带库 Miscellanous Devices. ddb 中的 DIODE（二级管）封装应该改，也就把管脚说明 1（A）2（K）改为 A（A）K（K），这样画 PCB 导入网络表才不会有错误：Note Not Found

14. PCB 布线的原则如下

（1）输入输出端用的导线应尽量避免相邻平行。最好加线间地线，以免发生反馈耦合。

（2）印制摄导线的最小宽度主要由导线与绝缘基板间的粘附强度和流过它们的电流值决定。

当铜箔厚度为 0.05mm、宽度为 1~15mm 时，通过 2A 的电流，温度不会高于 3℃，因此导线宽度为 1.5mm（60mil）可满足要求；对于集成电路，尤其是数字电路，通常选 0.02~0.3mm（0.8~12mil）导线宽度。当然，只要允许，还是尽可能用宽线，尤其是电源线和地线。导线的最小间距主要由最坏情况下的线间绝缘电阻和击穿电压决定。对于集成电路，尤其是数字电路，只要工艺允许，可使间距小至 5~8mm。

（3）印制导线拐弯处一般取圆弧形，而直角或夹角在高频电路中会影响电气性能。此外，尽量避免使用大面积铜箔，否则，长时间受热时易发生铜箔膨胀和脱落现象。必须用大面积铜箔时，最好用栅格状，这样有利于排除铜箔与基板间黏合剂受热产生的挥发性气体。

（4）焊盘：焊盘中心孔要比器件引线直径稍大一些。焊盘太大易形成虚焊。焊盘外径 D 一般不小于（d+1.2）mm，其中 d 为引线孔径。对高密度的数字电路，焊盘最小直径可取（d+1.0）mm。

15. 工作层面类型说明

（1）信号层（Signal Layers），有 16 个信号层，TopLayer BottomLayer MidLayer1–14。

（2）内部电源/接地层（Internal Planes），有 4 个电源/接地层 Planel1–4。

（3）机械层（Mechanical Layers），有四个机械层。

（4）钻孔位置层（Drill Layers），主要用于绘制钻孔图及钻孔的位置，共包括 Drill Guide 和 Drill drawing 两层。

（5）助焊层（Solder Mask），有 TopSolderMask 和 BottomSolderMask 两层，手工上锡。

（6）锡膏防护层（Paste Mask），有 TopPaste 和 BottomPaster 两层。

（7）丝印层（Silkscreen），有 TopOverLayer 和 BottomOverLayer 两层，主要用于绘制元件的外形轮廓。

（8）其他工作层面（Other）。

KeepOutLayer：禁止布线层，用于绘制印制板外边界及定位孔等镂空部分

MultiLayer：多层

Connect：连接层

DRCError：DRC 错误层

VisibleGrid：可视栅格层

Pad Holes：焊盘层

Via Holes：过孔层

16. PCB 自动布线前的设置

（1）Design | Rules……

（2）Auto Route | Setup……

Lock All Pro–Route：锁定所有自动布线前手工预布的连线

模拟试题一

【说明】

试题共两页三题，考试时间为 3 小时，本试卷采用软件版本为 Protel DXP。

【上交考试结果方式】

1. 考生须在监考人员指定的硬盘驱动器下建立一个考生文件夹，文件夹名称以本人准考证后 8 位阿拉伯数字来命名（如：准考证 651212348888 的考生以 "12348888" 命名建立文件夹）。

2. 考生根据题目要求完成作图，并将答案保存到考生文件夹中。

一、抄画电路原理图（34 分）

1. 在考生的设计文件下新建一个原理图子文件，文件名为 sheet1. SchDoc。

2. 按下图尺寸及格式画出标题栏，填写标题栏内文字（注：考生单位一栏填写考生所在单位名称，无单位者填写 "街道办事处"，尺寸单位为：mil）。

	70	110	60	60	30	20
20	考生姓名		题号		成绩	
20	准考证号码		出生年月		性别	
20	身份证号码		（考生单位）			
20	评卷姓名					

3. 按照附图 1 内容画图（要求对 Footprint 进行选择标注）。

4. 将原理图生成网络表。

5. 保存文件。

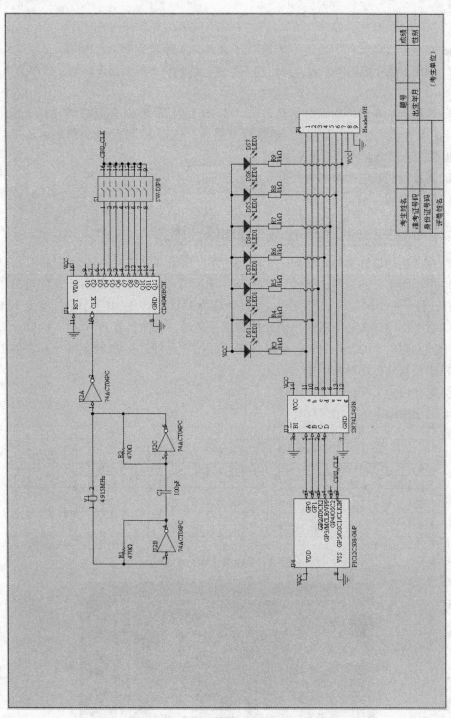

附图 1

二、生成电路板（50 分）

1. 在考生设计文件中新建一个 PCB 子文件，文件名为 PCB1. PcbDoc。

2. 利用上题生成的网络表，将原理图生成合适的长方形双面电路板，规格为 X：Y = 4：3。

3. 电路板的布局不能采用自动布局，要求按照信号流向合理布局（从上至下，从下至上，从左至右，从右至左）。要修改网络表，使得 IC 等的电源网络名称保持与电路中提供的合适电源的网络名称一致。

4. 将接地线和电源线加宽，介于 20～50mil。

5. 保存 PCB 文件。

三、制作电路原理图元件及元件封装（16 分）

1. 在考生的设计文件中新建一个原理图零件库子文件，文件名为 schlib1. SchLib。

2. 根据附图 2 的原理图元件，要求尺寸和原图保持一致，其中该器件包括了四个子元件，各子件引脚对应如图所示，元件命名为 LM339N，图中每小格长度为 10mil。

3. 在考生设计文件中新建一个元件封装子文件，文件名为 PCBlib1. PcbLib。

4. 抄画附图 3 的元件封装，要求按图示标称对元件进行命名（尺寸标注的单位为 mil，不要将尺寸标注画在图中）。

5. 保存两个文件。

6. 退出绘图系统，结束操作。

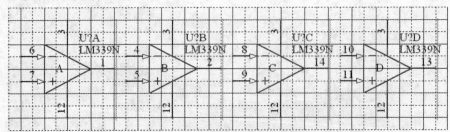

附图 2　原理图元件 LM339N

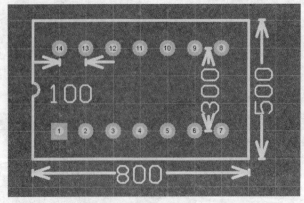

附图 3　元件封装 DIP14

模拟试题二

【说明】

试题共两页三题，考试时间为 3 小时。

【上交考试结果方式】

1. 考生须在监考人员指定的硬盘驱动器下建立考生文件夹，文件夹的名字以本人准考证后 8 位阿拉伯数字命名（如：准考证 651212348888 的考生以 "12348888" 命名建立文件夹）。

2. 考生根据题目要求完成作图，并将答案保存到考生文件夹中。

一、抄画电路原理图（34 分）

1. 创建一个以"准考证的后八位"命名的文件夹，如 "12348888"，用来保存设计项目。

2. 在上述文件夹中建立一个工程文件 *.Prjpcb，以自己姓名的拼音首字母来命名。

3. 在项目中建立一个原理图文件，命名为 yuanli1.Schdoc。

	70	110	60	60	30	20
20	考生姓名		题号		成绩	
20	准考证号码		出生年月		性别	
20	身份证号码		（考生单位）			
20	评卷姓名					

4. 按下图尺寸及格式画出标题栏，填写标题栏内文字（注：考生单位一栏填写考生所在单位名称，无单位者填写"街道办事处"，尺寸单位为：mil）。

5. 按照附图 1 内容画图（要求对 Footprint 进行选择标注）。

6. 将原理图生成网络表。

7. 保存文件。

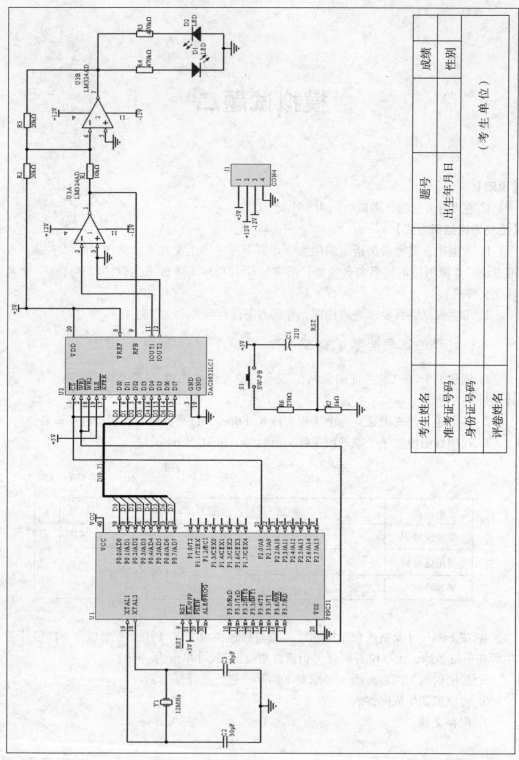

附图1

二、生成电路板（50 分）

1. 在项目文件中新建一个 PCB 子文件，文件名为 PCB1. PcbDoc。

2. 利用上题生成的网络表，将原理图生成合适的长方形双面电路板，规格为 X：Y = 4：3。

3. 电路板的布局不能采用自动布局，要求按照信号流向合理布局（从上至下，从下至上，从左至右，从右至左）。

4. 要修改网络表，使 IC 等的电源网络名称保持与电路中提供的合适电源的网络名称一致。

5. 将接地线和电源线加宽至 20mil。

6. 保存 PCB 文件。

三、制作电路原理图元件及元件封装（16 分）

1. 在项目文件中新建一个原理图零件库子文件，文件名为 schlib1. SchLib。

2. 抄画附图 2 的原理图元件，要求尺寸和原图保持一致，并按图示标称对元件进行命名，图中每小格长度为 10mil。

3. 在项目文件中新建一个元件封装子文件，文件名为 PCBlib1. PcbLib。

4. 抄画附图 3 的元件封装，要求按图示标称对元件进行命名（尺寸标注的单位为 mil，不要将尺寸标注画在图中）。

5. 保存两个文件。

6. 退出绘图系统，结束操作。

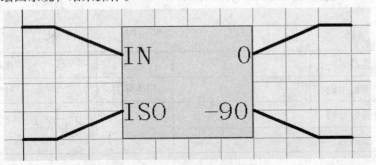

附图 2　原理图元件 HYP90

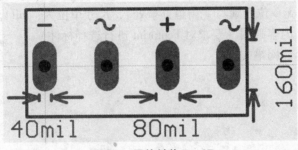

附图 3　元件封装 D - 37

模拟试题三

【说明】

试题共两页三题，考试时间为 3 小时。

【上交考试结果方式】

1. 考生须在监考人员指定的硬盘驱动器下建立考生文件夹，文件夹的名字以本人准考证后 8 位阿拉伯数字命名（如：准考证 651212348888 的考生以"12348888"命名建立文件夹）。

2. 考生根据题目要求完成作图，并将答案保存到考生文件夹中。

一、抄画电路原理图（34 分）

1. 创建一个以"自己学号 –1"命名的文件夹，如"2006018 –1"，用来保存设计项目。

2. 在上述文件夹中建立一个工程文件 ∗. Prjpcb，以自己姓名的拼音首字母来命名。

3. 在项目中建立一个原理图文件，命名为 yuanli1. Schdoc。

	70	110	60	60	30	20
20	考生姓名		题号		成绩	
20	准考证号码		出生年月		性别	
20	身份证号码		（考生单位）			
20	评卷姓名					

4. 按下图尺寸及格式画出标题栏，填写标题栏内文字（注：考生单位一栏填写考生所在单位名称，无单位者填写"街道办事处"，尺寸单位为：mil）。

5. 按照附图 1 内容画图（要求对 Footprint 进行选择标注）。

6. 将原理图生成网络表。

7. 保存文件。

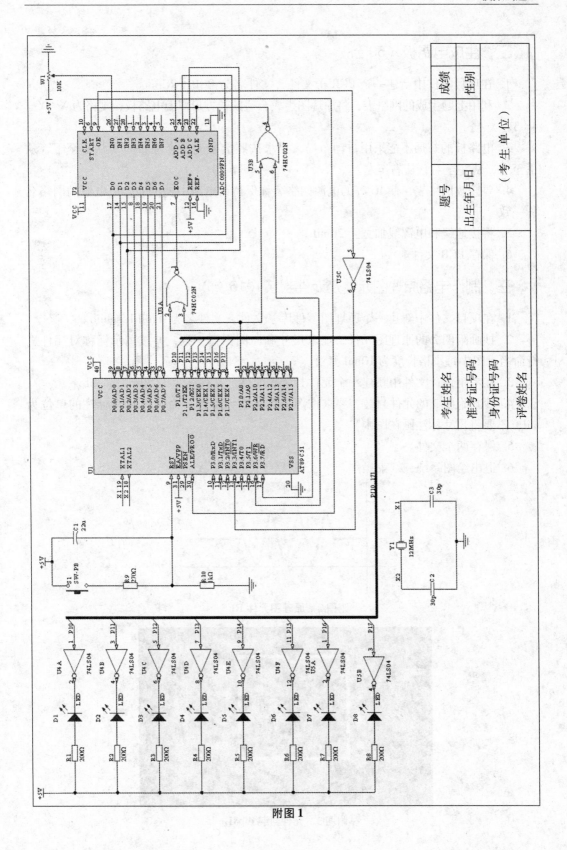

附图1

二、生成电路板（50 分）

1. 在项目文件中新建一个 PCB 子文件，文件名为 PCB1. PCBdoc。

2. 利用上题生成的网络表，将原理图生成合适的长方形双面电路板，规格为 X：Y = 4：3。

3. 电路板的布局不能采用自动布局，要求按照信号流向合理布局（从上至下，从下至上，从左至右，从右至左）。

4. 要修改网络表，使 IC 等的电源网络名称保持与电路中提供的合适电源的网络名称一致。

5. 将接地线和电源线加宽至 20mil。

6. 保存 PCB 文件。

三、制作电路原理图元件及元件封装（16 分）

1. 在项目文件中新建一个原理图零件库子文件，文件名为 schlib1. schlib。

2. 抄画附图 2 的原理图元件，要求尺寸和原图保持一致，并按图示标称对元件进行命名，图中每小格长度为 10mil。

3. 在考生设计文件中新建一个元件封装子文件，文件名为 PCBlib1. pcblib。

4. 抄画附图 3 的元件封装，要求按图示标称对元件进行命名（尺寸标注的单位为 mil，不要将尺寸标注画在图中）。

5. 保存两个文件。

6. 退出绘图系统，结束操作。

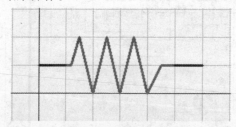

附图 2　原理图元件 **RES**

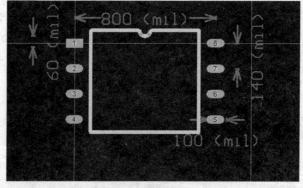

附图 3　元件封装 **dip8L**

模拟试题四

【说明】

试题共两页三题，考试时间为 3 小时。

【上交考试结果方式】

1. 考生须在监考人员指定的硬盘驱动器下建立考生文件夹，文件夹的名字以本人准考证后 8 位阿拉伯数字命名（如：准考证 651212348888 的考生以"12348888"命名建立文件夹）。

2. 考生根据题目要求完成作图，并将答案保存到考生文件夹中。

一、抄画电路原理图（34 分）

1. 创建一个以"自己学号"命名的文件夹，如"2006018"，用来保存设计项目。

2. 在上述文件夹中建立一个工程文件 *. Prjpcb，以自己姓名的拼音首字母来命名。

3. 在项目中建立一个原理图文件，命名为 yuanli1. Schdoc。

		70	110		60		60	30	20
20	考生姓名			题号				成绩	
20	准考证号码			出生年月				性别	
20	身份证号码			（考生单位）					
20	评卷姓名								

4. 按下图尺寸及格式画出标题栏，填写标题栏内文字（注：考生单位一栏填写考生所在单位名称，无单位者填写"街道办事处"，尺寸单位为：mil）。

5. 按照附图 1 内容画图（要求对 Footprint 进行选择标注）。

6. 将原理图生成网络表。

7. 保存文件。

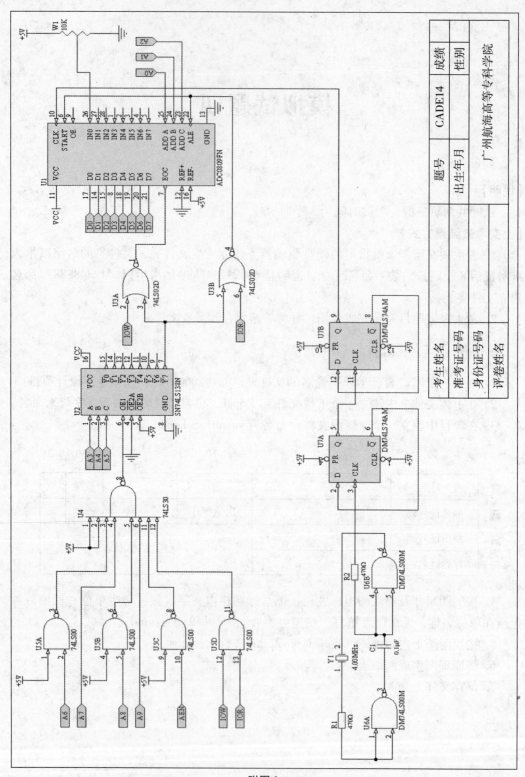

附图1

二、生成电路板（50 分）

1. 在项目文件中新建一个 PCB 子文件，文件名为 PCB1. PcbDoc。

2. 利用上题生成的网络表，将原理图生成合适的长方形双面电路板，规格为 X : Y = 4 : 3。

3. 电路板的布局不能采用自动布局，要求按照信号流向合理布局（从上至下，从下至上，从左至右，从右至左）。

4. 要修改网络表，使的 IC 等的电源网络名称保持与电路中提供的合适电源的网络名称一致。

5. 将接地线和电源线加宽至 20mil。

6. 保存 PCB 文件。

三、制作电路原理图元件及元件封装（16 分）

1. 在项目文件中新建一个原理图零件库子文件，文件名为 Schlib1. schlib。

2. 抄画附图 2 的原理图元件，要求尺寸和原图保持一致，并按图示标称对元件进行命名，图中每小格长度为 10mil。

3. 在项目文件中新建一个元件封装子文件，文件名为 PCBlib1. pcblib。

4. 抄画附图 3 的元件封装，要求按图示标称对元件进行命名（尺寸标注的单位为 mil，不要将尺寸标注画在图中）。

5. 保存两个文件。

6. 退出绘图系统，结束操作。

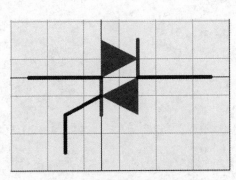

附图 2　原理图元件 TRIAC

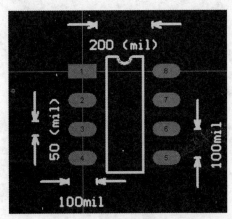

附图 3　元件封装 ILEAD－8